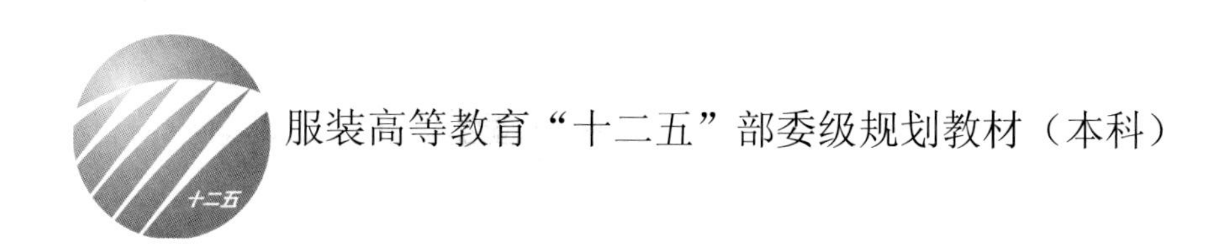

服装高等教育“十二五”部委级规划教材（本科）

服装设计CAD应用教程

张　辉　郭瑞良　刘　莹　黎　焰　编著

中国纺织出版社

内 容 提 要

选用美国格柏Artwork Studio中的Draping（立体贴图软件）和Micrografx Designer（服装款式图设计软件）、法国力克的Kaledo Style、日升天辰公司的服装款式设计系统为主要教学内容，读者可以通过学习这些软件，触类旁通，理解和学会操作各种服装设计CAD软件。此外，由于通用图像处理软件Photoshop在服装设计领域有一定的应用，因此最后一章也将Photoshop在服装设计中的应用进行简要介绍。全书内容浅显易懂，图文并茂，每一步操作和计算机的显示结果都表示清楚。在介绍每个工具后又举出简单的例子，以帮助读者练习。

本书可供高等院校纺织服装专业学生学习使用，也可供服装企业设计师、制板师参考使用。

图书在版编目（CIP）数据

服装设计CAD应用教程／张辉等编著．--北京：中国纺织出版社，2016.3

服装高等教育“十二五”部委级规划教材．本科

ISBN 978-7-5180-0353-2

Ⅰ．①服… Ⅱ．①张… Ⅲ．①服装设计—计算机辅助设计—AutoCAD软件—高等学校—教材 Ⅳ．①TS941.26

中国版本图书馆CIP数据核字（2015）第312768号

责任编辑：张晓芳　　特约编辑：温　民　　责任校对：楼旭红
责任设计：何　建　　责任印制：何　建

中国纺织出版社出版发行
地址：北京市朝阳区百子湾东里A407号楼　邮政编码：100124
销售电话：010—67004422　传真：010—87155801
http：//www.c-textilep. com
E-mail：faxing@c-textilep. com
中国纺织出版社天猫旗舰店
官方微博 http：//weibo.com/2119887771
北京市密东印刷有限公司印刷　各地新华书店经销
2016年3月第1版第1次印刷
开本：787×1092　1/16　印张：9.5
字数：180千字　定价：38.00元

凡购本书，如有缺页、倒页、脱页，由本社图书营销中心调换

出版者的话

《国家中长期教育改革和发展规划纲要》中提出“全面提高高等教育质量”，“提高人才培养质量”，教高［2007］1号文件“关于实施高等学校本科教学质量与教学改革工程的意见”中，明确了“继续推进国家精品课程建设”，“积极推进网络教育资源开发和共享平台建设，建设面向全国高校的精品课程和立体化教材的数字化资源中心”，对高等教育教材的质量和立体化模式都提出了更高、更具体的要求。

“着力培养信念执著、品德优良、知识丰富、本领过硬的高素质专业人才和拔尖创新人才”，已成为当今本科教育的主题。教材建设作为教学的重要组成部分，如何适应新形势下我国教学改革要求，配合教育部“卓越工程师教育培养计划”的实施，满足应用型人才培养的需要，在人才培养中发挥作用，成为院校和出版人共同努力的目标。中国纺织服装教育协会协同中国纺织出版社，认真组织制订“十二五”部委级教材规划，组织专家对各院校上报的“十二五”规划教材选题进行认真评选，力求使教材出版与教学改革和课程建设发展相适应，充分体现教材的适用性、科学性、系统性和新颖性，使教材内容具有以下三个特点：

（1）围绕一个核心——育人目标。根据教育规律和课程设置特点，从提高学生分析问题、解决问题的能力入手，教材附有课程设置指导，并于章首介绍本章知识点、重点、难点及专业技能，增加相关学科的最新研究理论、研究热点或历史背景，章后附形式多样的思考题等，提高教材的可读性，增加学生学习兴趣和自学能力，提升学生科技素养和人文素养。

（2）突出一个环节——实践环节。教材出版突出应用性学科的特点，注重理论与生产实践的结合，有针对性地设置教材内容，增加实践、实验内容，并通过多媒体等形式，直观反映生产实践的最新成果。

（3）实现一个立体——开发立体化教材体系。充分利用现代教育技术手段，构建数字教育资源平台，开发教学课件、音像制品、素材库、试题库等多种立体化得配套教材，以直观的形式和丰富的表达充分展现教学内容。

教材出版是教育发展中的重要组成部分，为出版高质量的教材，出版社严格甄选作者，组织专家评审，并对出版全过程进行跟踪，及时了解教材编写进度、编写质量，力求做到作者权威、编辑专业、审读严格、精品出版。我们愿与院校一起，共同探讨、完善教材出版，不断推出精品教材，以适应我国高等教育的发展要求。

中国纺织出版社
教材出版中心

前言

服装CAD已是纺织服装业内人士所熟知的名词，它主要包括辅助设计系统和辅助生产系统两大部分。服装CAD系统具有灵活、高效的特点，非常适合服装行业的灵活、产品多样以及快速反应等特点的需求，因此服装CAD系统在服装领域的应用越来越广泛。

服装设计CAD系统通常具有比较强大的图形图像处理功能，可以辅助服装设计师完成比较耗时的款式调整、颜色和面料更换等工作。有的服装设计CAD系统还提供了类似三维的能力，系统可以根据曲面网格及灯光自动产生阴影效果，且操作比较简便。服装板型设计CAD系统，可以帮助服装板型师完成比较烦琐的板型变化的工作，如：板型的拼接、褶裥设计、省道转移、拼合检查等。服装CAD还使得服装的推板、排料也变得轻松，而且修改方便，特别是纸样能够以电子文档的形式保存下来，可以随时调用来修改和编辑，减少了大量重复性的工作，节省了劳动力和大量时间。

然而，服装CAD的灵活性和高效性毕竟是由人来决定的。所谓的辅助，就是为企业及服装设计师提供良好的工具来帮助完成设计，因此，服装CAD的操作人员需要具有良好服装设计能力、纸样技术和计算机基础。此外，计算机的硬件和软件也会存在局限性和不完善的地方，需要操作者通过自己的灵活操作来克服，从而推动服装CAD技术的应用，达到提高效率的目的。

近年来，服装CAD在大、中、小型企业中都有了生存的土壤。许多服装高等院校、职业学校的学生、有经验的板型设计师以及广大服装爱好者都有学习服装CAD的迫切需求。目前国内有关服装CAD的图书、教材绝大多数集中在服装的纸样设计、推板和排料方面，而以服装设计为主要内容的、特别是针对专业的服装设计CAD软件的图书还很少，本书正是为了满足读者在服装设计CAD软件这方面的需要而编写的。目前国内市场服装设计CAD软件有多个品牌，不同品牌的CAD产品各具特点。本书选用了美国格柏Artwork Studio中的Draping（立体贴图软件）和Micrografx Designer（服装款式图设计软件）、法国力克的Kaledo Style、日升天辰公司的服装款式设计系统为主要教学内容，学习者可以通过学习这些软件，触类旁通，理解和学会操作各种服装设计CAD软件。此外，由于Photoshop虽然为通用图像处理软件，但在服装设计领域也有一定的应用，因此本书最后一章也将Photoshop在服装设计中的应用进行一个简要介绍。

本书力求浅显易懂，图文并茂，每一步操作和计算机的显示结果都尽量表示清楚，此外，在介绍每个工具后我们又举出简单的例子，以帮助读者练习。希望本书能对服装CAD的使用和普及带来帮助。本书第一章、第二章、第三章、第五章由北京服装学院张辉、黎焰负责编写，第四章由北京服装学院郭瑞良编写，第六章由北京服装学院刘莹编写，全书由张辉统稿。内蒙古工业大学轻工及纺织学院的陈晨、郝学峰老师参加了第三章和第五章的编写工作。在此一并致谢。

张　辉

2015年9月

教学内容及课时安排

章/课时	课程性质/课时	节	课程内容
第一章（2课时）	基础理论（2课时）		·服装CAD概述
		一	服装CAD/CAM术语
		二	服装CAD系统的主要功能模块
第二章（6课时）	专业知识与应用方法（26课时）		·Draping（立体贴图）
		一	Draping 软件概述
		二	工具栏介绍
		三	全局参数设置
		四	创建图像文件面料
		五	Draping应用实例
		六	Draping软件快捷键
第三章（6课时）			·Micrografx Designer服装款式图设计软件
		一	系统概述
		二	绘图工具介绍
		三	菜单介绍
		四	应用实例
		五	Micrografx Designer软件快捷键
第四章（4课时）			·Kaledo Style力克款式设计系统
		一	系统概述
		二	常用工具介绍
		三	应用实例
第五章（6课时）			·Charse2000日升服装款式设计系统
		一	系统概述
		二	款式设计中心
		三	面料设计中心
		四	平面设计中心
第六章（4课时）			·Photoshop在服装设计中的应用
		一	麻布效果的上衣
		二	水洗牛仔裤
		三	花布头巾

注 各院校可根据自身的教学特点和教学计划对课程时数进行调整。

目录

基础理论——

服装CAD概述

课程名称： 服装CAD概述

课程内容： 1．服装CAD/CAM术语。

2．服装CAD系统的主要功能模块。

上课时数： 2课时

教学提示： 阐述服装CAD/CAM的基本概念、服装CAD系统主要功能模块。通过介绍服装CAD，引领学生熟悉服装CAD的主要功能及其应用。

保留在课堂上提问和交流的时间。

教学要求： 1．使学生了解服装CAD/CAM的基本概念。

2．使学生了解服装CAD系统的主要功能模块。

3．使学生了解服装CAD的研究概况。

复习与作业： 1．举例说明服装CAD系统的主要功能模块。

2．简述服装CAD的研究概况及发展趋势。

第一章　服装CAD概述

服装CAD系统是计算机技术与服装工业结合的产物，它已广泛应用于服装设计、生产、管理、市场等各个领域。使用服装CAD系统可以加快新产品的开发速度、提高产品的质量、降低生产成本，使服装企业在设计、生产以及对市场的快速反应能力方面有很大的提高，所以服装CAD系统是企业提高自身素质、增强创新能力和市场竞争力的一个有效的现代化工具。近年来，计算机软、硬件价格不断下降，且服装CAD系统的性能不断提高，使得服装CAD系统的普及率越来越高。目前，国内外许多服装企业都引进了服装CAD系统。

第一节　服装CAD/CAM术语

服装CAD/CAM是计算机辅助设计（Computer-aided Design）和计算机辅助生产（Computer-aided Manufacture)这两个概念英文的缩略形式，它是服装设计师与生产技术人员的计算机助手。服装CAD/CAM就是利用计算机的软、硬件技术为服装设计、生产以及市场营销提供服务的专门技术，它是一项综合性的、集计算机图形学、数据库、信息网络等计算机及其他领域知识于一体的高新技术，用以实现服装产品的设计与生产。服装CAD/CAM这两个词经常互换或一起使用，但实际上它们之间有很大区别。服装CAD系统一般用于设计阶段，辅助产品的创作过程，如：款式设计、服装款式图绘制、颜色变化等，而服装CAM系统则主要用于产品的生产阶段，用于控制生产过程与设备，如推板、排料、裁剪等。

不同工作的人员对服装CAD系统有不同的需求。服装设计师希望借助CAD系统绘制服装效果图、颜色及面料的处理；服装制板师利用CAD系统进行服装纸样的设计、款式、结构变化等；面料设计师则可借助服装CAD系统进行各种类型面料的设计，包括机织、针织、印花等；营销人员则可以利用服装CAD系统进行产品的宣传与展示。而服装CAM系统用于控制各种不同的生产、加工设备。自动裁床、由计算机控制的针织机和机织机等都属于服装CAM系统。每种设备在运行时，都需要利用计算机控制其活动部件的具体运动，并通过计算机将操作人员的指令传输给这些设备。

服装CAD/CAM的应用使设计过程、生产过程、甚至营销过程融为一体。服装CAD系统并非仅用于设计室，它对提高公司生产效率和增进信息交流也能起到一定的作用。同样，服装CAM系统也不仅用于生产加工车间，其影响贯穿于从接收原材料到发送成品服装的各个环节。

第二节　服装CAD系统的主要功能模块

一、辅助设计模块

所有从事面料设计、服装款式设计的人员都可以借助服装CAD系统提高设计工作的效率。传统上，设计工作主要是手工操作，设计效率比较低，并且重复工作量很大，如色彩的变化、组合以及搭配。而CAD系统借助计算机的高速运算能力及其巨大的存储能力，使设计工作的效率大幅度地提高。据相关的数据统计和企业的应用调查显示，使用CAD系统可以比手工操作提高效率20倍。一般来说，服装CAD系统的设计模块主要包括机织面料设计、针织面料设计、图案设计、色彩变化与处理、服装款式设计等功能。美国格柏公司研发的Artworks Studio就是一款集服装设计、面料设计、图案设计、颜色管理等于一体的服装CAD设计系统。目前，服装CAD系统已成为一种信息交流的媒介，除用于面料及服装设计外，还可应用于其他领域，如广告设计、吊牌设计和包装设计。

1. 面料设计

设计师可以利用面料CAD系统设计纱线和织物结构，并可以快速预览织物的仿真模拟效果，从而省去了很多打小样的时间。对于不满意的织物，还可以在CAD系统中方便、快速地进行调整和修改，直到满意为止。服装CAD系统的面料设计模块主要包括针织面料设计、机织面料设计。

在针织面料设计方面，设计师利用代表各种针法的方格图表示针织组织结构，通过色纱、各种针法排列进行产品的设计，最终将针织物的仿真模拟效果在屏幕上展示出来，使设计师不必生产出样品就可以进行挑选。CAD系统还可对设计完成的面料进行色彩的组合与搭配，大大提高了面料设计的效率。针织面料CAD系统一方面用于生成织物的仿真模拟，另一方面，某些针织CAD系统还可以生成特定针织设备所需的数据，直接控制织机的织造过程。目前，国内外的很多公司都开发了针织设计CAD产品，如德国的Stoll织物设计系统、法国力克Prima Vision Knit设计系统、美国格柏Artworks Studio Easy Knit设计系统都是比较成熟的系统。国内也有一些公司及院校在这方面进行了研究，并有相应的设计系统问世。图1-1为美国格柏Artworks Studio Easy Knit针织面料设计软件。

在机织面料CAD系统中，设计师可以设计纱线（纱支、捻度、捻向、颜色等），设计组织结构，设定纱线的排列规律，设置经、纬纱密度等，最终，CAD系统可以在屏幕上显示出成品织物的模拟仿真效果。机织面料CAD系统还可以很容易地表现出一些比较特殊的外观效果，如：起毛、刷毛等。因此，设计师借助机织面料CAD系统可以用很短的时间、

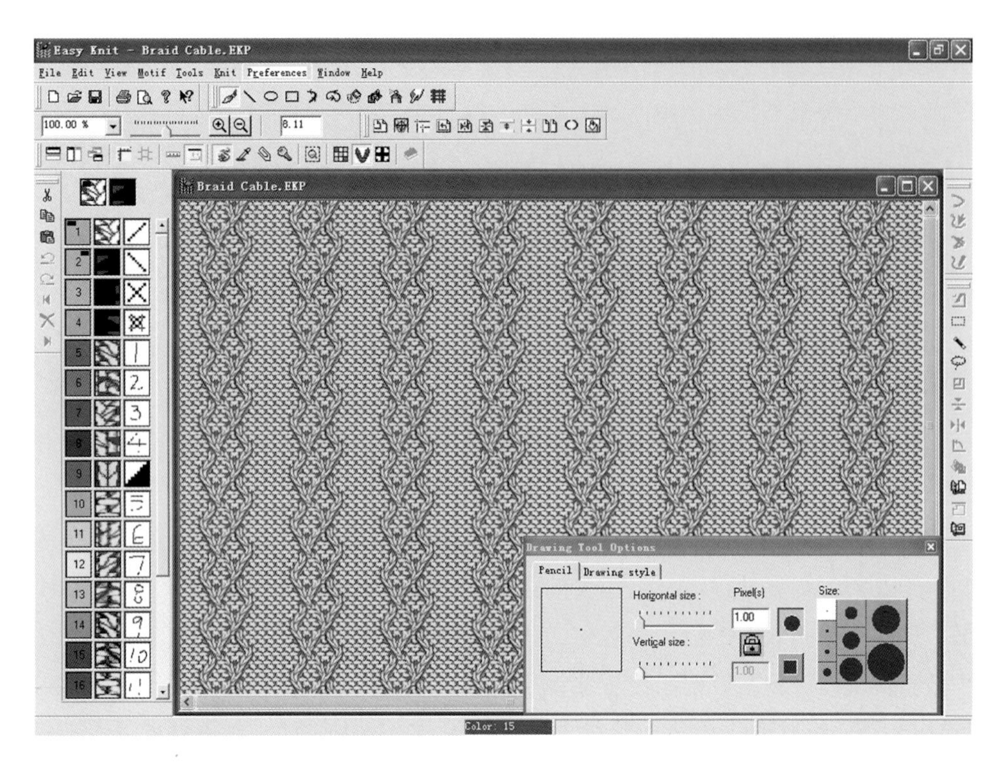

图1–1 Artworks Studio Easy Knit针织面料设计软件

花很少的费用设计出理想的产品。与针织CAD系统一样，由于机织CAD系统能够在屏幕上快速地模拟出织物的真实外观效果，设计师不必在机织机上织出样品就可以评价设计思想的好坏。当然，利用CAD系统只能节省加工样品的工作，而最终产品的手感、悬垂性、质量等还是需要通过真实的织物来体验。一般来说，打样工作通常比较昂贵而且要花费很长的时间，机织面料CAD系统的优点还是显而易见的。图1–2为美国格柏Artworks Studio Easy Weave机织面料设计软件。

2. 印花图案设计

对于印花图案设计师来说，有很多CAD系统甚至一些通用图形图像处理软件都可以使用。这些用于实现设计思想的CAD系统及图形图像处理软件功能强大，具有很高的工作效率。设计师利用各种图像编辑工具，进行单元图案及其回位的设计，检验各种各样的设计效果。最终的设计结果还可以转换为印花色板。利用CAD系统可以在不破坏原始设计的前提下，以各种方式产生很多新的设计，如色彩的组合与搭配，设计师不必再为重画原始设计稿需要大量的时间而担心了，这非常有助于设计师展现出更多的设计才华。图1–3为美国格柏Artworks Studio Easy Coloring颜色变化设计与处理软件，图1–4为美国格柏Artworks Studio Repeat and Design图案设计软件。

3. 服装设计

利用服装CAD系统进行款式设计改变了传统设计的手工绘画方式。通过服装CAD设计软件，不但可以使用各种画笔工具来描绘效果图，还可以把扫描或拍摄的面料替换到服装

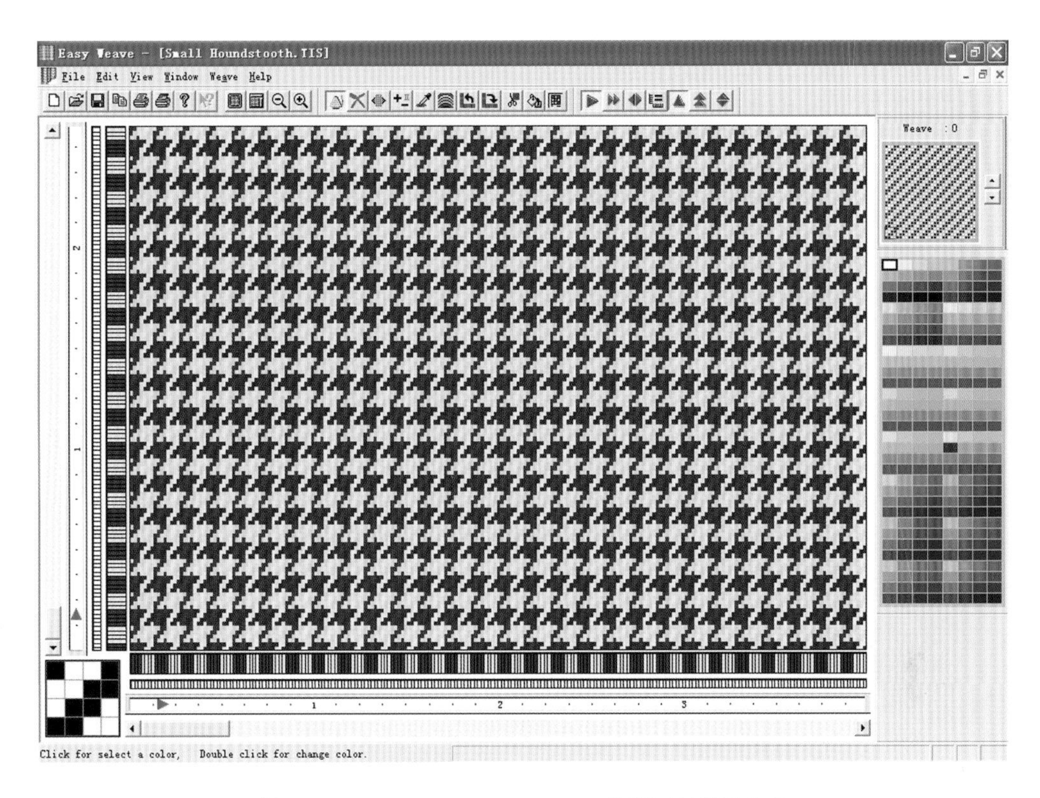

图1-2　Artworks Studio Easy Weave机织面料设计软件

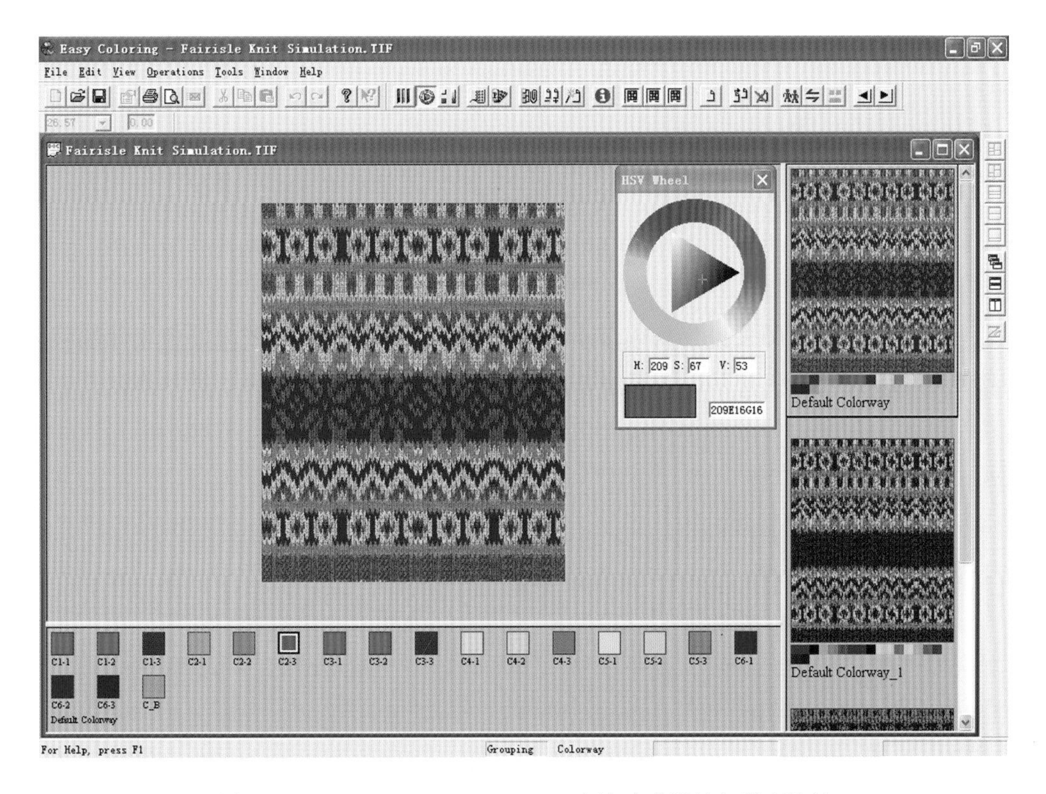

图1-3　Artworks Studio Easy Coloring颜色变化设计与处理软件

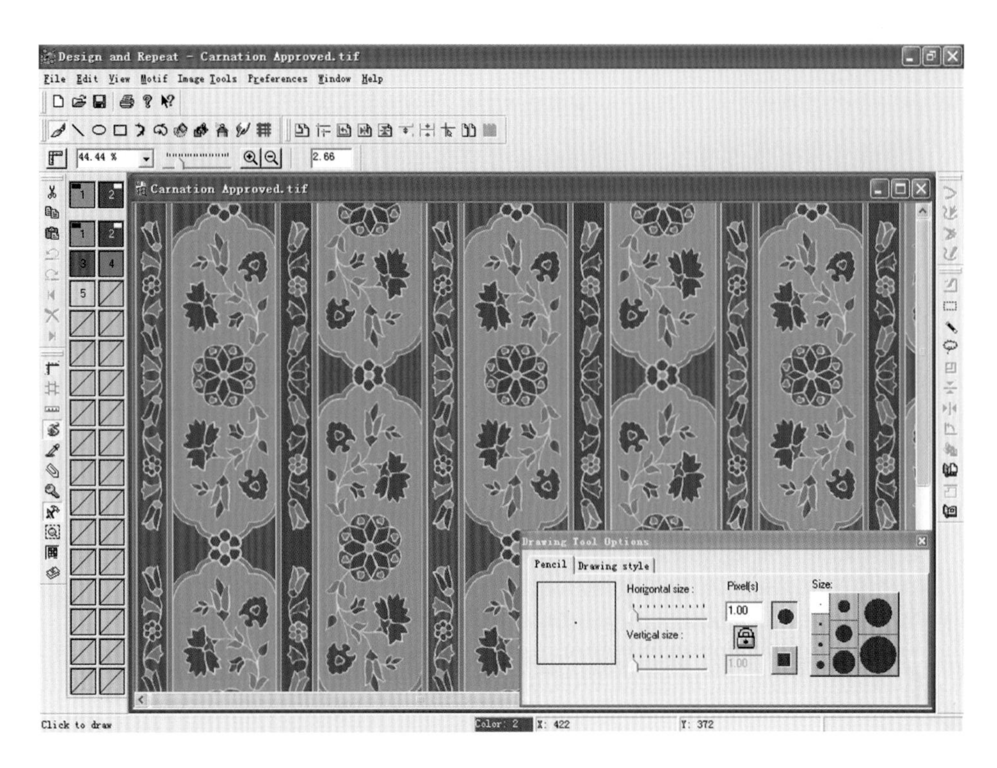

图1-4 Artworks Studio Repeat and Design图案设计软件

上。一些服装设计CAD软件还可以使用曲面网格工具来建立类似三维效果，这样在没有生产前，设计师就基本可以看到服装的大概效果，不但提高了效率，还节省了产品开发的成本。目前，许多服装设计人员使用一些通用的图形图像处理软件，如Adobe Photoshop、Adobe Illustrator、Corel Painter、CorelDraw等，已经可以完成很多日常的设计工作了。但对设计工作中的一些特殊功能与需求，还需要借助专业的服装设计CAD系统才能更高效地实现。在服装企业的设计工作中，应用比较广泛的专业服装CAD系统主要是立体贴图和服装款式图设计两个应用软件。立体贴图软件可以同时实现某一款式多种不同面料或颜色的模拟效果。实现立体贴图功能，操作人员首先需要在服装图片或时装效果图上创建出对应于服装各个结构片的遮罩，然后利用软件的曲面网格工具根据衣片的经、纬纱方向及表面形态为每个衣片遮罩创建一个曲面网格，之后就可以对图片或效果图上的服装面料或颜色进行更换了，面料或颜色更换后的效果十分逼真。利用这种方式，设计师可以在同一款式上进行颜色、面料的搭配组合，相互对比。目前，国内外公司都开发有服装立体贴图产品，如美国格柏公司的Artworks Studio Draping（图1-5），国内也有一些公司及院校在这方面进行了一定的研究。目前，立体贴图软件的一些功能已不局限于单机使用，可应用于互联网的立体贴图功能模块也已出现，这是服装CAD系统应用于网上试衣与网上服装订购领域的必然结果。用户不必出门就可以通过网络选择自己所需要的服装款式以及面料和颜色，观看搭配模拟效果。但目前只有少数国际著名的服装CAD供应商推出了网上立体贴图功能模块。图1-6为美国格柏公司的网上立体贴图模块Web Draping。服装款式图设计软件通常是

图1-5　Artworks Studio Draping立体贴图软件

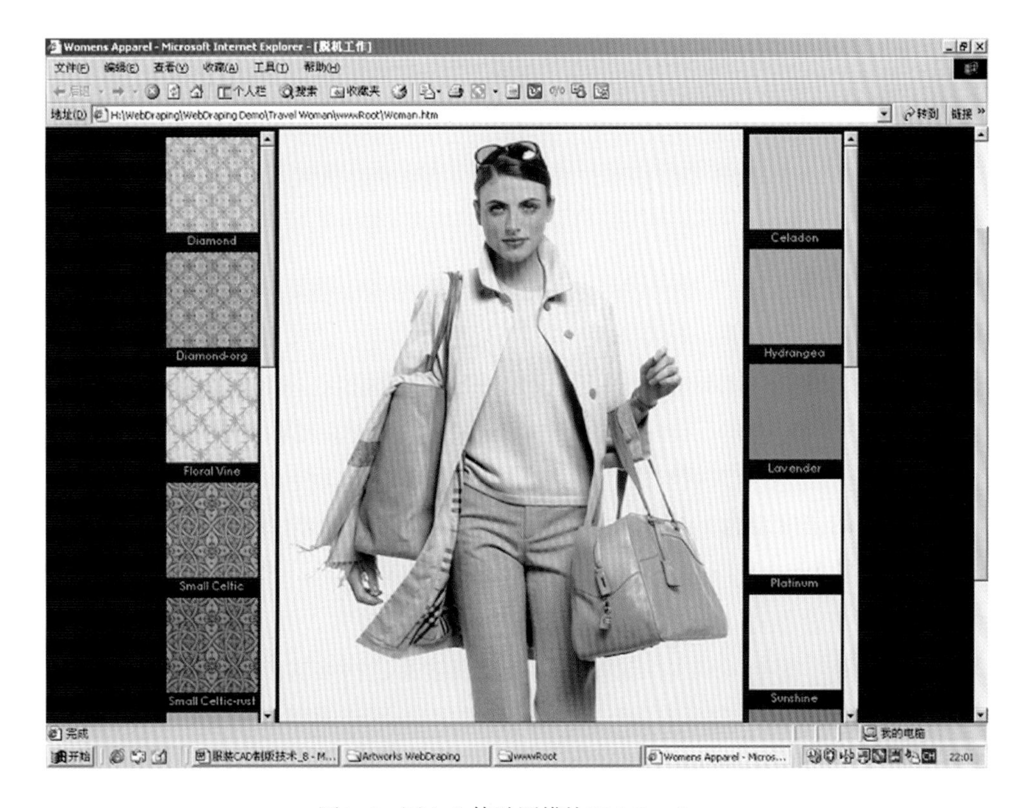

图1-6　网上立体贴图模块Web Draping

基于矢量的图形设计软件，并提供很实用的服装款式库，设计师还可以根据需要，不断扩充款式库。美国格柏Artworks Studio Micrografx Designer （With Artworks Clipart）款式图设计软件提供了大量的服装、部件、配饰材质库，创建服装款式图十分方便、快捷。该软件还被广泛地应用于生产工艺单的设计制订上（图1–7）。

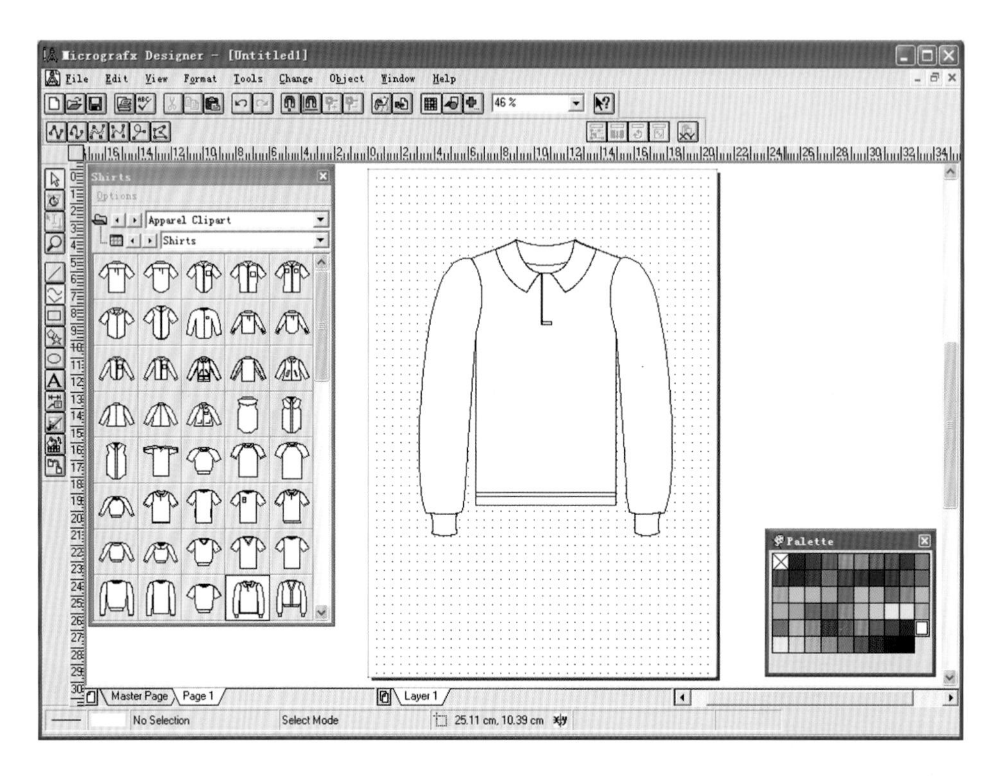

图1–7 Artworks Studio Micrografx Designer（With Artworks Clipart）款式图设计软件

二、辅助生产模块

1. 面料生产

在面料生产方面，CAD系统主要应用于纺织机械的控制，如针织机、机织机和印花机。控制针织和机织设备的CAD/CAM系统主要应用在较大规模的公司。大多数针织或机织CAD/CAM系统都是由针织或机织设备的生产厂家开发，这些系统不仅可以用于控制生产设备，而且还提供了丰富的织物设计功能。使用CAD/CAM系统可以简化由设计图稿向实际面料的转化过程，并且可以在设计过程中随时进行修改。设计作品可以通过存储设备或网络传输给生产设备进行生产。CAD系统的输出有两种方式：一种方式是CAD/CAM系统将织机所需的操作指令存储在存储设备上，或直接通过网络输入到织机；另一种方式是利用彩色打印机将设计结果打印在纸上，或者借助CAD系统的模拟功能，展示利用所设计的织物制作出的服装的外观效果。

将纸上设计的织物生产出来是一个费时的过程。织物印花需要进行分色，机织物需要表示织物组织和提综规律的上机图；针织物需要线圈形态、组织结构、色纱变化等。事实上，CAD/CAM技术所具有的优势已吸引了大量设计师，印花织物数据可以从CAD系统直接传输到激光雕刻机，或生成分色薄膜，供传统的印花工艺使用。针织机和机织机都可以利用CAD系统直接输出的控制指令进行织造生产。

2. 服装生产

在服装生产方面，CAD系统应用于服装的制板、推板和排料等领域。利用CAD系统制板，省去了手工制板的繁复计算和测量，速度快、准确度也很高。板型师借助CAD系统还可以完成很多手工操作比较耗时的工作，如纸样的拼接、褶裥的设计、省道转移、褶裥变化等，同时CAD系统还可以测量任何部位的尺寸，从而检验相对应的部件裁片是否可以正确地缝合在一起。此外，服装生产厂家通常用绘图机将纸样打印出来，指导裁剪。服装CAD系统除了具有纸样设计功能外，还可以根据放码规则进行放码。放码规则通常是用尺寸表来定义，并存储在放码规则库中。服装CAD放码系统分为点放码、线放码、规则放码和自动放码等。一套复杂的纸样手工放码可能需要将近一天的时间，而计算机放码只需要十几分钟。计算机排料自由度大，准确度高，可以非常方便地对纸样进行移动、调换、旋转、反转等，排好后用绘图仪打印出来就可以用于裁剪了，也可以将排料数据传输给裁床，直接裁剪面料。如果排料率符合用户的要求，接下来便可指导批量服装的裁剪了。利用CAD系统，纸样的放缩和排料所需要的时间只占手工放缩和排料所需时间的很小一部分，极大地提高了服装企业的生产率。图1-8为美国格柏纸样设计系统。

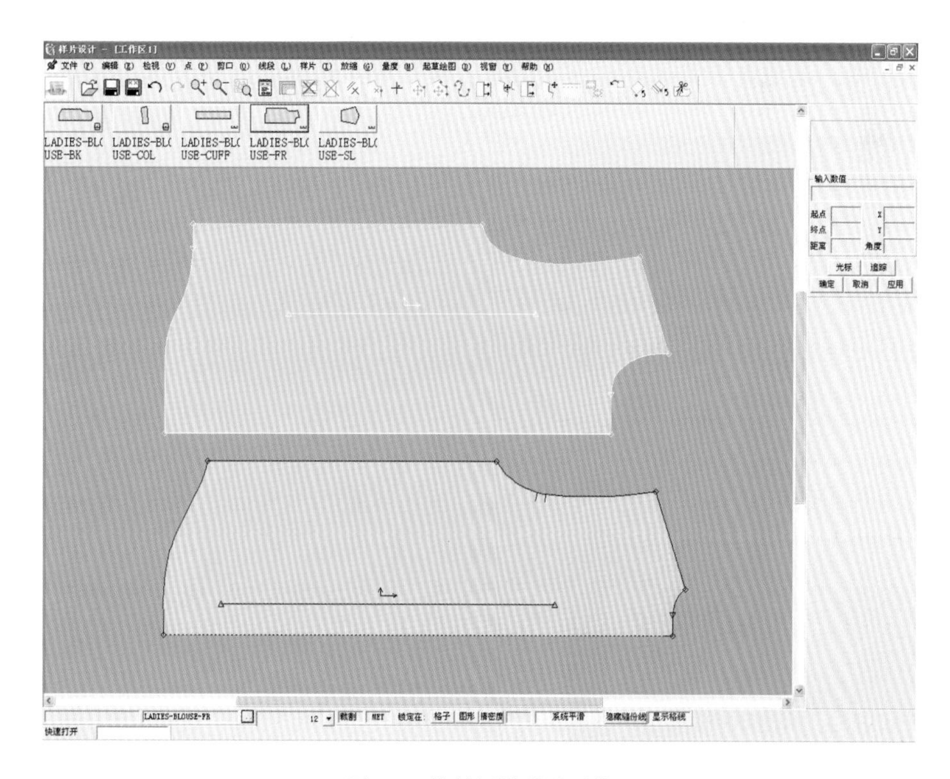

图1-8　格柏纸样设计系统

三、三维技术

十多年前，绝大多数服装CAD系统都是基于两维的应用系统，纸样都在平面上进行设计、编辑、调整。服装纸样设计完成后，需要加工成样衣，通过模特试衣来检验服装纸样正确与否。现在，三维技术在服装领域已经有了比较成熟的应用。利用三维技术可以将平面纸样在虚拟模特身上进行缝合，模拟服装的穿着效果。但是由于服装是柔性的，并且面料品种很多，精确模拟服装穿着的质感和垂感仍有很大的研究空间。目前三维技术在服装领域的应用主要集中在以下三个方面。

1. 人体测量系统与人体模型的建立

在“量体裁衣”的服装市场中，必须为每一位客户测量出一套完整而准确的尺寸。人体测量需要时间和技术，但有时这两者都不能满足要求。诺丁汉特伦特大学的人体测量系统Telmat，利用摄影中的剪影技术来确定体型，借助精密的形体识别软件来确定计算人体尺寸的各个部位。这一系统的最大优点是速度快，因为它测量一次只需两分钟，并且测量精准足可以满足服装行业的要求。

目前，几乎所有的人体模型都是建立在人体三维扫描技术的基础上，通过扫描得到人体外形轮廓的点云数据，在对点云数据进行处理后，进而构建出人体的三维模型。近些年，各国相继研究三维人体扫描及测量技术，通过利用光敏设备捕捉投射到人体表面的光（激光、白光或红外线）在人体上形成的图像，进而描述人体的三维特征。这种三维扫描系统具有扫描时间短，精确度高、测量部位多等特点，如美国的TC2通过对人体4.5万个点的扫描，迅速获得人体的80多个数据，可以全面精确地反映人体的体型状况。英国的TuringC3D系统还可以捕捉表面的材质，对物体表面的色彩质地进行描述，这在研究有标志的物体时非常有用。扫描输出的数据可用于三维服装设计软件，对人体进行量身定制。目前，人体三维扫描仪已广泛应用于人体测量学研究、服装的量身定制、虚拟试衣、电影特技、计算机动画和医学等领域。图1-9为德国Human Solutions GmbH公司的VITUS Smart LC3三维人体扫描仪，该设备可以12秒完成人体的扫描。

图1-9 VITUS Smart LC3三维人体扫描仪

当模拟模特在T台上进行表演时，首先必须理解模特是如何通过她们略带夸张的动作来更好地展示所穿的服装。产生令人满意的人体运动模型仍是一个较大的难题。人体的任何动作都是由肌肉控制，肌肉带动与之间相连的骨骼，进而使人体运动起来。几乎所有的模拟系统都是通过表面扫描技术产生人体模型。然而，人体的许多特征是由内向外产生的，即：首先是骨骼，然后是在骨骼上加上肌肉、脂肪和皮肤。人体的这些内部特征仅通过表面扫描技术是无法获得的，必须利用X光技术和超声波探测器才能使我们看到被肌肉、脂肪和皮肤所覆盖的骨骼，只有将所有这些因素结合在一起，才能完全呈现人体的运动特征。目前，模拟系统如何更加逼真地模拟模特的T台表演，呈现人体的动态感觉及姿态，仍需进一步研究与探讨。

2. 三维服装CAD系统

三维服装CAD系统是建立在三维技术基础上，在三维人体模型上进行三维服装的交互式设计与展示，实现三维服装的原型设计、三维服装纸样的缝合、三维服装与二维样片之间的可逆转换、三维服装效果展示以及模拟T台动态展示等。Browzwear公司的 V-Stitcher系统是一款功能强大的服装三维试衣软件，它能与格柏公司的AccuMark纸样设计系统连接使用，实现服装二维纸样与三维服装之间的转换，操作也比较方便（图1-10）。V-Stitcher系统的纸样可以使用AccuMark纸样设计系统设计与修改，然后在V-Stitcher中进行缝合试穿，并运用3D分析工具评估服装的合体性。V-Stitcher系统为了使用户得到真实的穿着感觉，还提供有面料性能的调节参数，并可运用3D分析工具评估同一款式不同面料服装的舒适度。如何在计算机屏幕上准确地表现出纺织材料的性能，是目前一个最为根本而又较难解决的问题。

3. 虚拟现实

虚拟现实系统利用计算机的显示器来模拟虚拟世界，虚拟现实的出现预示着服装设计

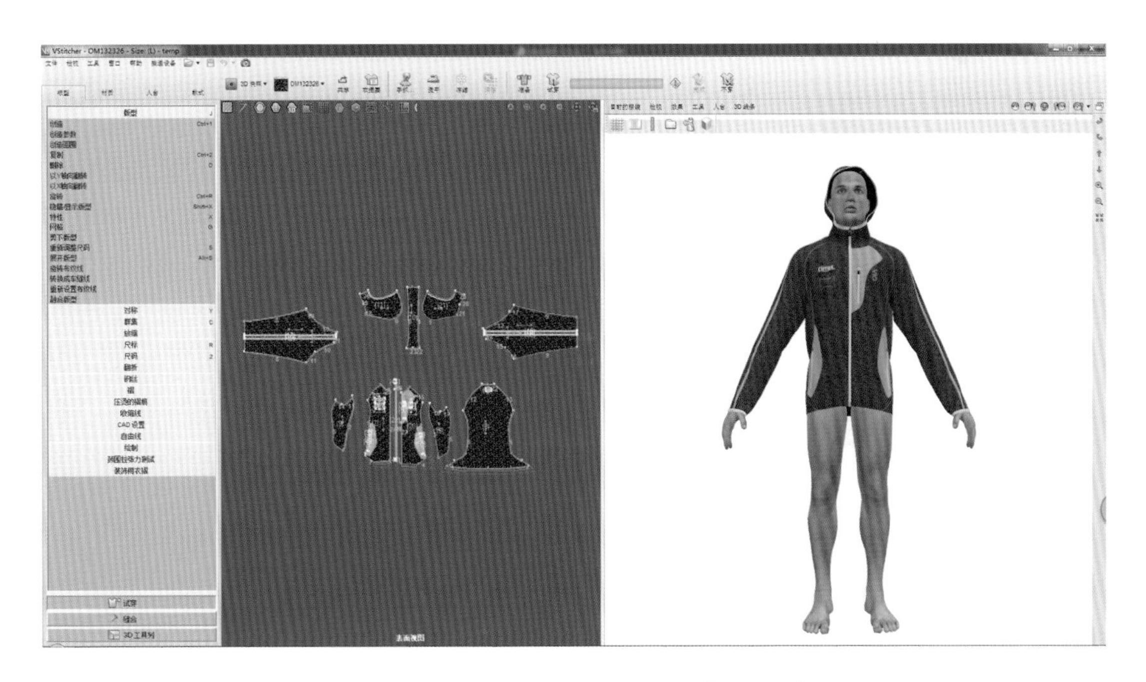

图1-10　Browzwear V-Stitcher三维服装CAD系统

进入了一个新纪元。利用虚拟现实技术可以通过计算机模拟服装表演台、服装模特和服装，观众可以从各个角度进行观看，通过有效的信息交流得到最终的结果。虚拟现实技术的应用潜力已不局限在供应商与零售商的相互交流中，它甚至会进入高档时装市场，为传统的服装表演提供一种多样化的、新颖的展示方式。为充分利用这一技术的强大功能，服装和纺织市场将会不可避免地利用三维技术，以虚拟现实的方式展示服装。

专业知识与应用方法——

Draping（立体贴图）

课程名称：Draping（立体贴图）

课程内容：1．Draping软件概述。

2．工具栏介绍。

3．全局参数设置。

4．创建图像文件面料。

5．Draping应用实例

6．Draping软件快捷键

上课时数：6课时

教学提示：介绍Draping软件的主要功能与用途，详细讲述Draping软件工具的操作方法、全局参数的意义及设置、如何创建图像文件面料，以及Draping系统的主要操作流程。最后通过2个实例详细介绍服装图片更换颜色及面料的操作方法。

布置本章作业。

教学要求：1．使学生了解Draping软件的主要功能及用途。

2．使学生了解Draping软件工具栏中的各个工具。

3．使学生了解全局参数的意义及设置方法。

4．通过实例，使学生掌握Draping软件的操作过程与方法。

复习与作业：1．简述Draping软件的功能与用途。

2．简述遮罩与网格的作用。

3．简述Draping软件的操作流程。

4．选择一张服装照片，更换照片中服装的颜色或面料。

第二章　Draping（立体贴图）

第一节　Draping软件概述

Draping软件是格柏Artworks Studio服装设计CAD系统中很具代表性的一款应用软件——换装软件，在我国，该功能被称为“立体贴图”。借助Draping软件，用户可以将各种面料及颜色应用于服装图片、时装效果图等，同时保留原服装图片、时装效果图的立体效果和阴影。在更换面料过程中，可以对面料的大小比例、明暗变化、角度、透明度等进行调整，同时还可以进行对花对格，直到满意为止。利用Draping软件，用户能够很快地将机织、针织、印花、皮革等面料在服装上进行模拟展示，形成一系列的效果图。图2-1为Draping软件提供的一个服装应用实例，其中，（a）为原始图像，（b）~（f）为更换面料后的效果图。图2-2为对应图2-1系列效果图所采用的4种面料。

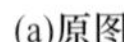

(a)原图

(b)面料1效果图1

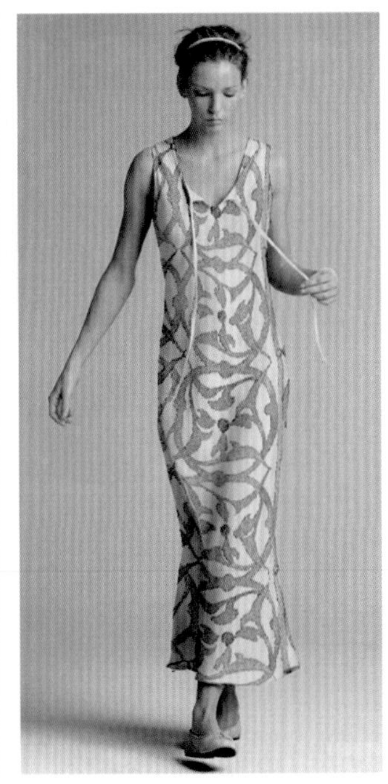

(c)面料1效果图2

(d)面料2效果图　　(e)面料3效果图　　(f)面料4效果图

图2-1 Draping软件生成的一系列连衣裙效果图

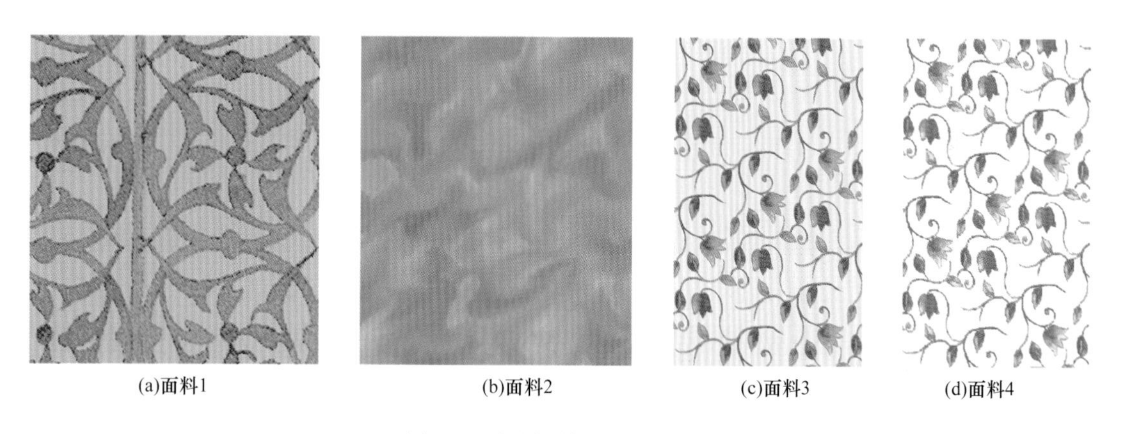

(a)面料1　　(b)面料2　　(c)面料3　　(d)面料4

图2-2 连衣裙效果图所采用的面料

除服装领域外，Draping软件还可以用于室内设计、家具、床上用品、汽车装饰等与面料及色彩紧密联系的领域。图2-3为Draping软件提供的一个室内装饰应用实例，其中，（a）为原始图像，（b）~（g）为更换面料后的效果图。更换的面料部位包括沙发面料、地毯、台灯罩以及装饰画。

Draping软件的工作界面为标准的Windows风格，它包括菜单栏、工具栏、状态栏及工作区。Draping软件的工作界面见图2-4。

(a)原图

(b)效果图1

(c)效果图2

(d)效果图3

(e)效果图4

(f)效果图5

(g)效果图6

图2-3　室内设计效果图

图2-4　Draping软件工作界面

Draping软件的工具栏分为两类，即常规工具栏和功能工具栏。常规工具栏用于一些基本的操作，如新建、打开、保存、复制、粘贴、放大显示及缩小显示等。功能工具栏中包含了完成Draping功能所需要的所有工具，如遮罩、曲面网格及曲线的创建与编辑、比例线段及设置对位点、导入颜色及图像面料等。

Draping软件界面工作区分为三个部分：左侧为TextureWays列表框。该区采用树形结构显示方式，共包括两个主结点。第一个主结点为Surfaces（曲面网格），展开该结点，会显示出当前项目中所有的曲面网格以及与每个曲面网格相关联的遮罩。在该列表框中，为方便用户识别，遮罩图标的默认颜色为蓝色，曲面网格图标的默认颜色为红色。第二个主结点为TextureWays（面料更换搭配），展开该结点，将显示出当前项目中所有的面料更换搭配（TextureWays）的名称以及各个遮罩与面料的关联关系。工作区中间为Draping主操作区，在该区进行创建、编辑更换面料所需的遮罩、曲面网格、设置比例线段、设置对位点以及显示最终的模拟效果。工作区右侧为对象（遮罩、曲面网格、曲线、面料）列表框，用于显示当前项目中所有的遮罩、曲面网格、曲线以及导入的图像面料和颜色面料。在该列表框中，不同的对象以不同的颜色表示，方便用户识别。遮罩图标的默认颜色为蓝色，曲面网格图标的默认颜色为红色，曲线图标的默认颜色为绿色。这三项的颜色也可以根据需要在“Global Properties”（全局参数）中进行设置。颜色面料以色块图标表示，图

像面料以图标 表示。在该列表区，利用鼠标与“Ctrl”键组合，选择遮罩与曲面网格、或选择遮罩与面料，通过右键菜单将遮罩与曲面网格或遮罩与面料关联起来。

第二节　工具栏介绍

一、常规工具栏

Draping软件的常规工具栏及各工具按钮名称如图2-5所示。在常规工具栏中，前10个按钮为Windows系统中的常用工具按钮，熟悉Windows操作的用户对这10个工具按钮均会比较清楚，本书就不做介绍了。从第11个工具按钮开始的4个工具按钮 （大图标）、 （小图标）、 （列表）和 （详细列表）为视图设置工具，用于设置工作区右侧的对象列表框中遮罩、曲面网格、曲线以及导入的图像面料和颜色的显示形式。用户点击这4个按钮中的任意一个，对象列表框中的各项目的显示形式会发生相应的变化。图2-6为对象列表框的4种显示形式。在进行Draping操作时，用户可以根据实际情况及个人习惯选择该对象列表框的显示形式。

图2-5　常规工具栏及各工具按钮名称

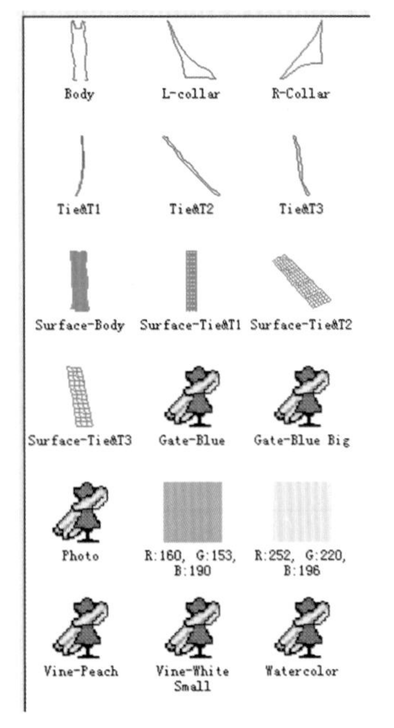

(a)大图标

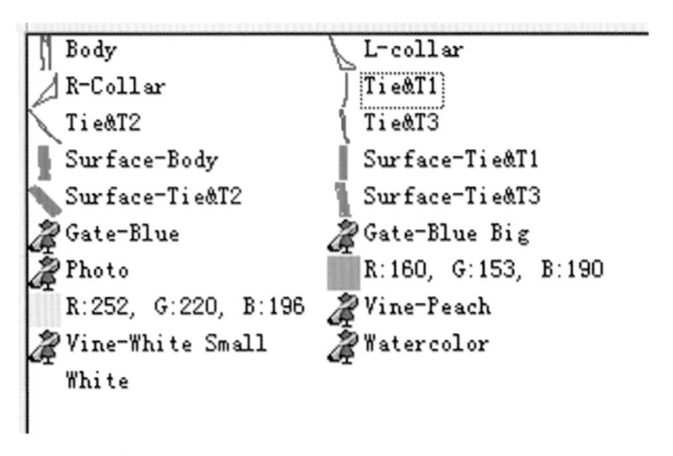

(b)小图标

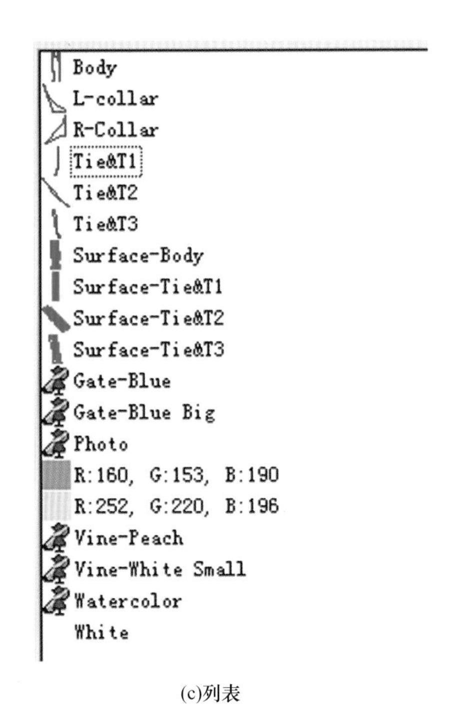

(c)列表

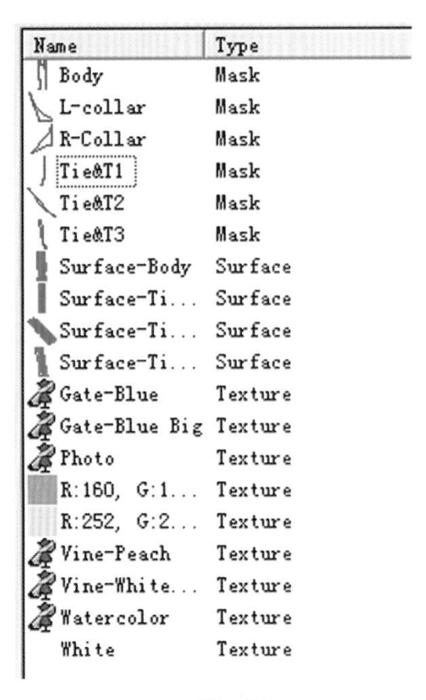

(d)详细列表

图2-6　对象列表框的4种显示形式

常规工具栏的最后三个工具按钮分别用于主操作区的刷新及缩放显示。当主操作区由于过多的操作后，显示偶尔出现一些“脏点”时，可以点击【刷新】工具按钮进行刷新。此外，也可以通过按快捷键“F5”实现【刷新】功能。在创建或编辑遮罩、曲面网格以及曲线时，为确保线条精准，往往需要在放大显示状态下进行，此时，就可以通过点击【放大】工具按钮或【缩小】工具按钮改变主操作区的图像显示比例。【放大】功能的快捷键为“Ctrl+‘+’”，【缩小】功能的快捷键为“Ctrl+‘-’”。所以用户也可以通过快捷键进行图像的放缩显示。

二、功能工具栏

Draping软件的功能工具栏及各工具按钮名称如图2-7所示。实现立体贴图功能就是通过该工具栏中的工具来完成的。下面将对各个工具按钮的功能及其操作方法进行详细介绍。

图2-7　功能工具栏及各工具按钮名称

（1）【选择】工具：该工具用于在主操作区中选择对象，如遮罩、曲面网格、曲线等，在按住“Shift”键的情况下，可以利用该工具选择多个对象。在任何工具的操作状态下，按“Enter”键即可返回到【选择】工具状态。

（2）【移动图像】工具：当图像比较大或在比较大的显示比例情况下，主工作区无法显示整幅图像，则可以利用【移动图像】工具在主工作区按住鼠标左键，上、下、左、右移动图像。【移动图像】工具的快捷键是“Ctrl+2”。

（3）【缩放显示】工具：该工具与常规工具栏中的【放大】、【缩小】工具不同，【缩放】工具有两种操作方式。选择【缩放】工具后，主操作区鼠标光标将变为，在主操作区单击鼠标左键后，在主操作区将放大显示Draping图像，并将鼠标所点击的位置移至主操作区中心。可以根据需要，连续单击鼠标左键，将图像一步一步放大显示。此外，选择【缩放】工具后，还可以在主操作区按住鼠标左键，并拖动鼠标绘出一个矩形框，放开鼠标后，软件会自动将矩形框所包含的图像区域放大至主操作区显示。在选择【缩放】工具状态下，按下“Shift”键，主操作区鼠标光标将变为，在主操作区单击鼠标左键，将缩小显示Draping图像，并将鼠标所点击的点移至主操作区中心位置。在此状态下，可以根据需要连续单击鼠标左键，将图像一步一步缩小显示。

（4）【旋转/倾斜】工具：该工具用于旋转或倾斜变形所选定的目标对象，如遮罩、曲面网格、曲线等。当成功创建了一个对象，该对象默认状态为“位置锁定”时，不能进行旋转、移动、放大和缩小等操作。在绝大多数情况下，【旋转/倾斜】工具是用不上的，只有当需要在不同位置、以不同角度创建多个比较相近的遮罩、曲面网格或曲线时，才会用到该工具。在这种情况下，首先需要复制多个目标对象，并在全局设置中将这些对象的“位置锁定”状态去除，然后就可以利用【旋转/倾斜】工具对复制出的对象进行移动、旋转及变形处理等操作了。【旋转/倾斜】工具快捷键为“Ctrl+3”。

（5）【移动点】工具：该工具用于移动调整遮罩、曲面网格及曲线上点的位置，以使对象形状满足要求。目标对象处于被选中状态时，单击【移动点】工具按钮、或双击目标对象，进入【移动点】工具状态。此时目标对象上的各个点显示为“○”形式，用户可利用鼠标按住需要调整位置的点进行移动，直至满意。如果需要同时移动多个点，可以先按住“Shift”键，再用鼠标分别单击需要移动的点，使需要移动的点均变为“●”形式。然后放开“Shift”键，再利用鼠标对选中的点进行同步移动，直至满意。调整完成后，双击鼠标左键，退出【移动点】工具状态，返回到【选择】工具状态。【移动点】工具的快捷键为“Ctrl+4”。

（6）【创建曲线】工具：该工具用创建曲线对象。曲线可以用于分割遮罩、或用于辅助曲面网格内部细节的生成。创建曲线时，可在主操作区沿曲线的走势依次单击鼠标左键，最后双击鼠标左键或按“Enter”键完成曲线的创建。需要时，可以进入【移动点】状态对曲线上的点进行移动调整，直至满意。【创建曲线】工具的快捷键为“F6”。

（7）【创建遮罩】工具：该工具用于创建需要更换面料或颜色的图像区域。创建遮罩时，在主操作区根据服装的结构特点沿更换区域依次单击鼠标左键，最后双击鼠标左键或按“Enter”键完成当前遮罩的创建。如需对创建的遮罩进行调整，可进入【移动点】状态对遮罩的边界点进行移动调整，直至满意。为了确保效果逼真，创建遮罩时，需要根据服装的纸样结构进行，原则上要求遮罩的划分与构成服装的纸样相对应。图2-8（a）为男西装图片，如果希望对图像中的男西装面料进行更换，需要创建7个遮罩，分别为左侧衣片、左侧胸口袋、左侧下摆、左袖子、右袖子、左驳头和右驳头，如图2-8（b）所示。此外，在面料更换的过程中，各个遮罩是有上下层次关系的，最先创建的遮罩位于最底层，最后创建的遮罩位于最上层。软件在进行渲染贴图时，如果两个遮罩有重叠部分，上层的遮罩会覆盖下层遮罩与其相重叠的区域。因此，在创建遮罩时，要尽可能将较上层的遮罩边界设计精准。【创建遮罩】工具的快捷键为“F7”。

(a)男西装图片

(b)遮罩分布图

图2-8 男西装遮罩创建示意图

（8）【创建自动遮罩】工具：该工具用于根据选择区域的颜色自动创建一个遮罩和网格。此功能不适用于照片类型的图像，只适用于没有阴影效果、并且是由单纯线条及纯色块所构成的图像。图2-9（a）为一上衣款式图，如果希望为该款式图更换颜色或面料，则可在【创建自动遮罩】工具状态下，按照图2-9（b）中的数字指示位置，依次点击鼠标左键，系统将为这8个部分自动产生遮罩及对应的矩形曲面网格。在这种情况下，【创建自动遮罩】工具比利用【创建遮罩】工具创建各个遮罩更加方便、快速。【创建自动遮罩】工具的快捷键为“Ctrl+F7”。

（9）【创建曲面网格】工具：该工具用于创建与遮罩相对应的曲面网格。通用图形图像处理软件虽然可以基本实现服装颜色、面料的更换，但所换上去的面料通常都是比

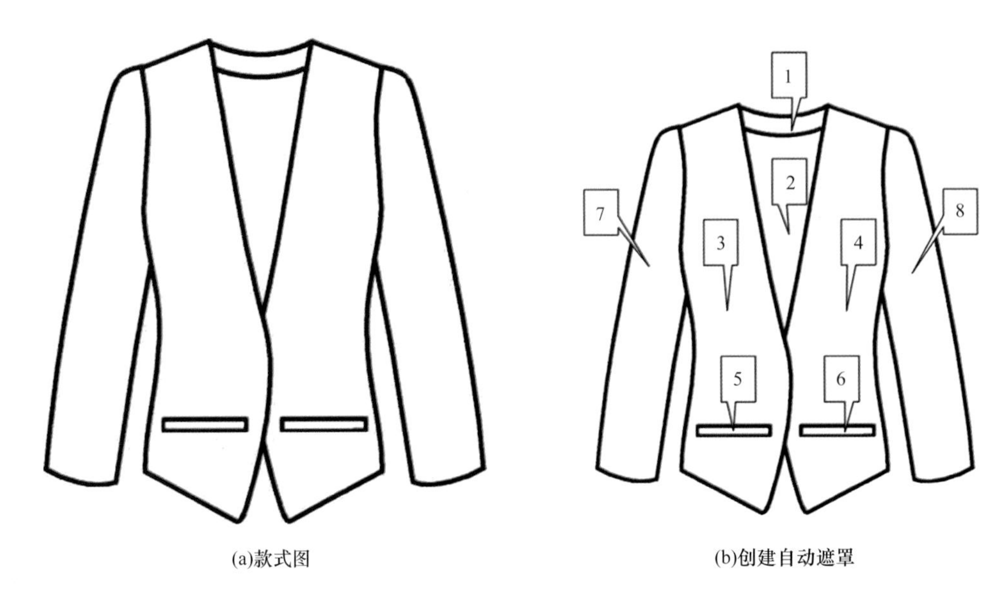

图2-9 创建自动遮罩示意图

较平面的效果，无法保留原服装图像中的面料褶皱，阴影效果也不够真实。Draping软件更换面料的逼真效果就是通过曲面网格来实现的，曲面网格的形态决定了面料更换上去之后的表现形式。曲面网格的横、纵线条分别代表织物的经、纬纱线走向。但要注意，【创建曲面网格】工具只用于创建曲面网格的轮廓线，轮廓线创建完成后，还需要利用【曲面角点】工具设置面料的4个角点才能生成曲面网格的内部细节。创建曲面网格轮廓线时，在主操作区沿欲创建的曲面网格轮廓线依次单击鼠标左键，最后双击鼠标左键或按“Enter”键完成当前曲面网格的创建。如需调整曲面网格轮廓线，可进入【移动点】状态对曲面网格轮廓线上的点进行移动调整、加点、减点等，直至满意。但要注意，每一个曲面网格都必须大于或等于与之相对应的遮罩，即每一个遮罩都必须被它的曲面网格完全覆盖。曲面网格内部细节还可以通过曲线辅助完成，使其内部细节更加真实。借助曲线生成曲面网格内部细节的方法将在后面的应用实例中加以介绍。图2-10（a）为一男装袖子，图2-10（b）为该男装袖子的曲面网格。【创建曲面网格】工具的快捷键为“F8”。

（10）【添加图像面料】工具：该工具用于向当前的项目中添加图像面料文件，导入的图像面料将用于后续的贴图操作。单击【添加图像面料】工具图标，系统弹出对话窗（图2-11），选择需要导入的图像面料文件（.txr），单击【打开】按钮将图像面料文件导入当前项目。导入成功后，该图像面料显示在工作区右侧的列表区中。【添加图像面料】工具的快捷键为“F9”。

（11）【添加纯色面料】工具：该工具用于向当前项目添加纯色面料。导入的纯色面料将用于后续的贴图操作。单击【添加纯色面料】工具图标，系统弹出颜色选择对话窗。如果用户购买了格柏的Palette产品，系统将打开Palette软件进行颜色选择。如果没有购买，系统将弹出Windows颜色选择对话窗（图2-12），选择需要导入的颜色后，单击

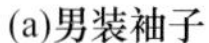

(a)男装袖子

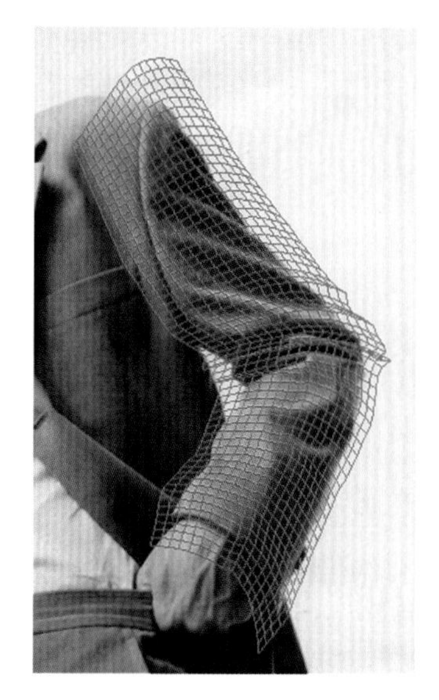

(b)男装袖子曲面网格

图2-10 曲面网格示意图

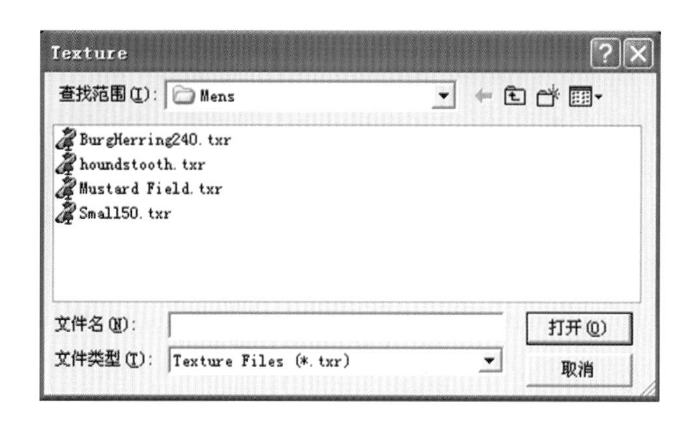

图2-11 导入面料对话窗

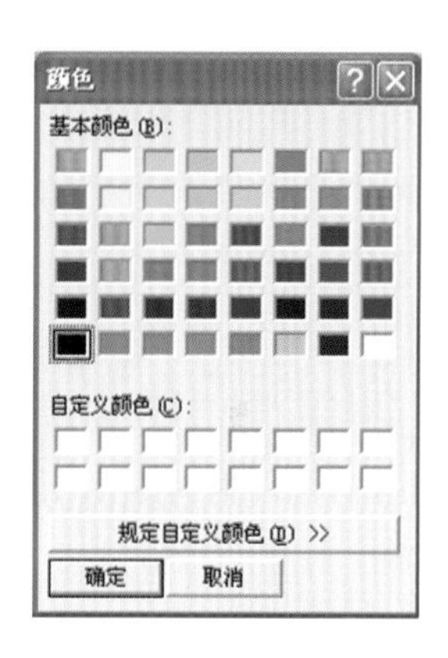

图2-12 导入纯色面料对话窗

【确定】按钮将颜色导入当前项目。导入成功后，该颜色显示在工作区右侧的列表区中。【添加纯色面料】工具的快捷键为“Ctrl+F9”。

（12）【角化点】工具：该工具为【移动点】工具的辅助工具。在【移动点】工具状态下，当遮罩、曲面网格的轮廓线或曲线上的某一点被选中后，即为“●”时，该工具才可用。单击【角化点】工具，可以使“●”点两侧的曲线段变为直线段［图2-13（a）］。

（13）【曲线点】工具：该工具为【移动点】工具的辅助工具。在【移动点】工具状态下，当遮罩、曲面网格的轮廓线或曲线上的某一点被选中后，即为“●”时，该工具才可用。单击【曲线点】工具，可以使“●”点两侧的直线段变为曲线段［图2-13（b）］。

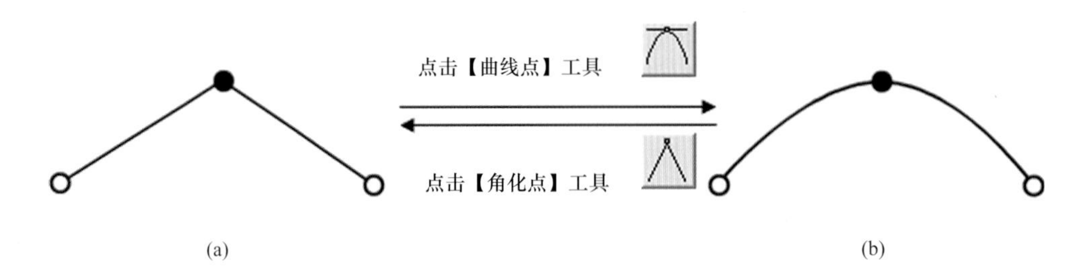

图2-13 【角化点】工具、【曲线点】工具示意图

（14）【添加点】工具：该工具为【移动点】工具的辅助工具。在【移动点】工具状态下，该工具才可用。此时，首先单击【添加点】工具，【添加点】工具按钮处于按下状态，再用鼠标点击遮罩、曲面网格的轮廓线或曲线上的某一条线段，则在该线段上的鼠标点击处增加个一点，【添加点】工具按钮自动弹起，结束【添加点】工具状态。如果需要在一个目标对象上连续增加多个点，则可以按住“Shift”键，保持【添加点】状态，进行增加多个点的操作。

（15）【删除点】工具：该工具为【移动点】工具的辅助工具。在【移动点】工具状态下，该工具才可用。此时，首先单击【删除点】工具，【删除点】工具按钮处于按下状态，再用鼠标点击遮罩、曲面网格的轮廓线或曲线上需要删除的点进行删除。删除一点后，【删除点】工具按钮自动弹起，结束【删除点】工具状态。如果需要在一个目标对象上连续删除多个点，则可以按住“Shift”键，保持【删除点】状态，进行删除多个点的操作。此外，在【移动点】工具状态下，当目标对象上的某一个点或几个点被选中时，单点【删除点】工具按钮或按“Delete”键，同样可以将选中的点删除。

（16）【分割遮罩】工具：该工具用于将选择中的遮罩通过一条曲线分割为两个遮罩。在【选择】工具状态下，按住“Shift”键用鼠标选择一个遮罩及一条用于分割该遮罩的曲线后，单击【分割遮罩】工具按钮，即可将目标遮罩一分为二。【分割遮罩】工具的快捷键为“Ctrl+F10”。

（17）【曲面角点】工具：该工具用于定义曲面网格的四个角点。在【选择】工具状态下，选中一个尚未生成内部细节的曲面网格对象。单击【曲面角点】工具，此时曲面网格边界上的各个点处于“○”状态，用鼠标点击需要设置的角点，使角点处于“●”状态。当四个角点设置完成后，单击鼠标右键，在弹出的菜单中选择“Generate Grid”（生成网格），系统弹出网格密度对话窗（图2-14）。选择网格密度后，单击【OK】键，生成曲面网格的内部细节。【曲面角点】工具的快捷键为“Ctrl+F8”。

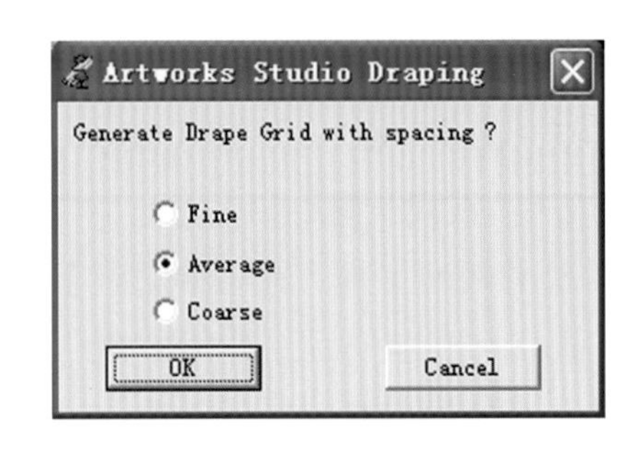

图2-14 网格密度对话窗

曲面网格完成后，观察网格内部细节是否与服装

面料的实际经、纬纱走向一致。如果对内部细节很不满意，可以在该曲面网格被选中的状态下，单击鼠标右键，在弹出的菜单中选择“Destroy Grid”（删除网格），删除网格内部细节。重新调整曲面网格的边界形状后再重新生成。如果需要对曲面网格内部某些点进行调整，可以双击曲面网格，进入【移动点】工具状态，通过鼠标调整网格内部点的位置。按住“Shift”键可以选择网格内部的多个点，对多个点进行同步移动调整。此外，曲面网格的内部细节也可以借助曲线的辅助来更加精准地生成。曲线辅助生成曲面网格的方法将在应用实例中加以介绍。当曲面网格完成且形态令人满意后，就需要将该曲面网格与对应的遮罩相关联。按住“Ctrl”键，在工作区右侧的列表区用鼠标选择遮罩及曲面网格后，单击鼠标右键，在弹出的菜单中选择“Assign Surface”（关联曲面网格），将遮罩与曲面网格相关联。关联完成后，才能对服装图像上的遮罩区域按照曲面网格的形态进行贴图处理，使处理效果逼真。

（18）【比例线段】工具：该工具用于精确设置换装图像与面料之间的比例关系。换装图像和面料图像可以通过扫描仪或数码照相机输入，但输入的这些图像之间往往没有保持一致的比例关系，因此更换服装图像的面料图案大小比例会出现问题。当服装图像及图像面料均通过【比例线段】工具设置后，在更换服装的面料时，面料图案将根据比例线段的数据自动按照精确的比例缩放面料图案，使贴图效果更加真实。设置比例线段时，首先选择【比例线段】工具，系统弹出比例线段设置对话窗（图2-15）。在主操作区某位置按下鼠标左健并拖动，绘出一条直线。在比例线段设置对话窗的“新长度”文本框中输入该线段所代表的实际长度，并按【Apply】（应用）键完成设置。图像面料的比例线段设置方法将在面料的创建中进行介绍。【比例线段】工具的快捷键为“Ctrl+5”。

（19）【对位点】工具：该工具用于精确设置图像面料在服装上的贴图位置。可用于对花对格。当服装图像中的遮罩及图像面料均通过【对位点】工具设置对位点后，在更换服装的面料时，面料图案上的对位点将与服装遮罩上的对位点重合，使贴图位置非常精准。当被选中的遮罩及与之相对应的曲面网格关联完成后，【对位点】工具才变为可用。单击【对位点】工具，系统弹出对位点对话窗（图2-16），并同时在选中遮罩的中心部位显示“⊕”标记，该标记的位置坐标将显示在对位点设置对话窗中，利用鼠标移动遮罩中的对位点至希望的位置。在移动对位点时，对位点的位置始终被限制在遮罩所对应的曲面网格范围内，不能超出该范围。对位点位置确定后，按“Enter”键结束。【对位点】工具的快捷键为“Ctrl+6”。

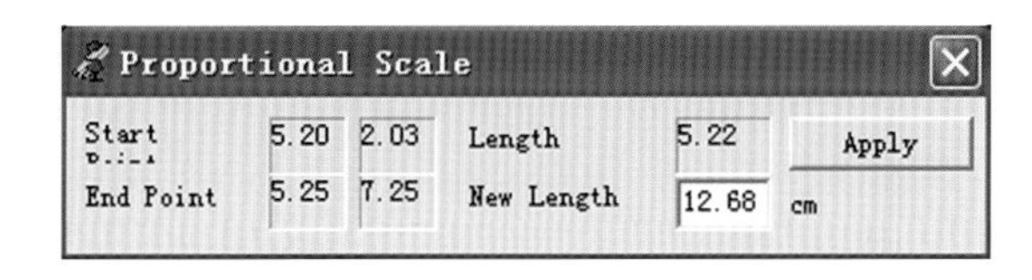

图2-15　比例线段设置对话窗

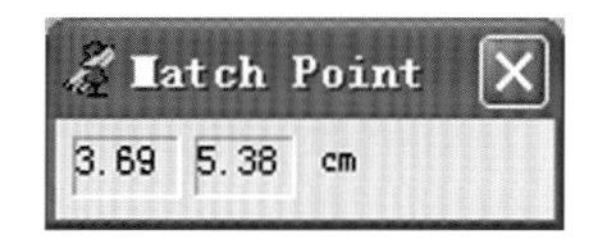

图2-16　对位点设置对话窗

（20）【用曲线创建】工具：该工具为【创建遮罩】工具和【创建曲面网格】工具的选项工具。在创建遮罩或曲面网格时，如果【用曲线创建】选项工具按钮被按下，目标对象将按照多边形方式创建，即在主操作区依次点击多边形的各个顶点。

（21）【用矩形创建】工具：该工具为【创建遮罩】工具和【创建曲面网格】工具的选项工具。在创建遮罩或曲面网格时，如果【用矩形创建】选项工具按钮被按下，目标对象将按照矩形方式创建，即在主操作区按住鼠标左键并拖动鼠标绘制矩形目标对象。

三、工作区的基本操作方法

1. 目标对象的选择方法

在对目标对象进行修改、编辑前，首先需要选中目标对象。Draping软件可以通过两种途径选择目标对象。

（1）主操作区：在【选择】工具状态下，双击主操作区中目标对象所处的区域，如遮罩，遮罩便会显示出来，并处于被选中状态下。如果需要调整目标对象上的点，可再次双击处于选择状态下的目标对象，或选择【移动点】工具，则软件进入【移动点】工具状态。修改完成后，双击处于【移动点】工具状态下的目标对象，目标对象返回至选择状态。在主操作区的非目标对象区域双击鼠标左键，主操作区中的所有目标对象将会处于隐藏状态。

（2）目标列表区：在工作区右侧的目标列表区双击目标对象（遮罩、曲线和曲面网格），主操作区中的该对象将处于选中状态，再次双击选中的目标对象，目标对象将返回至隐藏状态。如果在目标列表区双击图像面料对象，则进入面料编辑状态，可对面料的循环、比例线段、对位点、透明色等参数进行修改与设置。

2. 对象的关联方法

当完成遮罩及曲面网格的创建后，需要将每一个遮罩与其对应的曲面网格相关联。对遮罩区域进行面料、颜色的更换前，也需要将遮罩与面料或颜色关联起来。对目标对象进行修改、编辑前，首先需要选择目标对象。Draping软件可以通过两种途径选择目标对象。目标对象的关联可通过两种途径完成。

（1）主操作区：在【选择】工具状态下，在主操作区中选中遮罩，按下“Shift”键，再选择与其相对应的曲面网格。或按下鼠标左键拖选这两个目标对象（遮罩和曲面网格）。选择完成后，单击鼠标右键，在弹出的右键菜单中选择“Assign Surface”完成遮罩与曲面网格的关联。

（2）目标对象列表区：工作区右侧的对象列表框，按下“Ctrl”键，再选择一个遮罩及其所对应的曲面网格，单击鼠标右键，在弹出的菜单中选择“Assign Surface”完成遮罩与曲面网格的关联。遮罩与面料、颜色的关联时，按下“Ctrl”键，可以同时选择多个遮罩及一个面料，单击鼠标右键，在弹出的菜单中选择“Assign Texture”完成遮罩与图像面料或颜色的关联。完成遮罩与图像面料或颜色的关联后，就可以进行立体贴图的渲染了。此外，也可以从目标对象列表区将某一面料或颜色拖至主操作区的遮罩区域上，放开鼠标后，系统自动将该遮罩与面料或颜色的关联，并对该遮罩进行更换渲染。

第三节　全局参数设置

Draping软件使用时，还需要考虑全局参数的设置（Global Properties）。全局参数设置完成后，对每一个新创的Draping项目文件，都会参照该预设属性，直到它们被修改调整为止。全局参数可以说是Draping操作的起点，每一个独立的遮罩和曲面网格属性都可随时操作修改。

在“Options（选择）”菜单中选择“Global Properties”，系统弹出全局参数设置对话窗（图2-17）。在全局参数设置对话窗中，共包括4个分页，分别是Global（全局），Drape（贴图），Orientation（方向）和Perspective（透视）。下面将对主要参数进行介绍。

一、全局（Global）参数

在Global页面中包括Unit（单位）、Background Color（背景色）、Mask Color（遮罩颜色）、Surface Color（曲面网格颜色）、Curve Color（曲线颜色）、AntiAlias（抗锯齿）以及 两个复选项——Refresh Screen During Drape（贴图刷新显示）和Live Update of Draping on Change（贴图实时更新）（图2-17）。

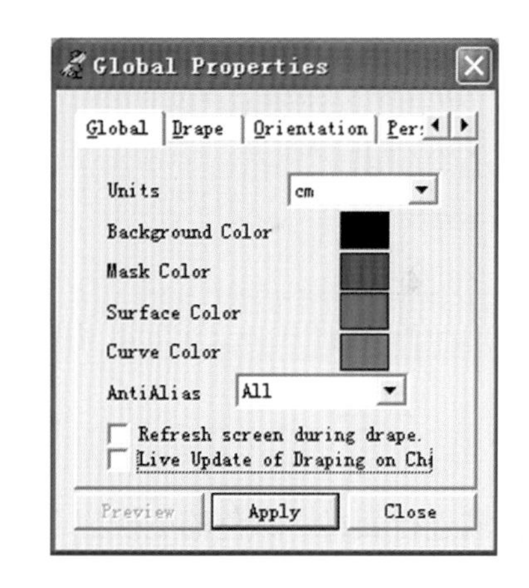

图2-17　全局参数设置对话窗——Global

1. **单位**

Draping软件提供了7 种表示长度的单位供用户选择，即Pixels（像素）、Meters（米）、mm（毫米）、cm（厘米）、Yards（码）、Feet（英尺）、Inches（英寸）。单击单位下拉列表框，在列表框中选择使用的单位。

2. **颜色**

颜色的设置包括工作区背景色及不同目标对象的颜色。颜色的选择需要根据项目图像的颜色决定。遮罩、曲面网格及曲线的颜色最好设置为与项目图像差异较大的颜色，从而方便对目标对象的操作。双击颜色块，系统弹出颜色选择对话窗，选择需要的颜色后，单击【确定】按钮完成。

3．抗锯齿

该选项是为打印服务的。抗锯齿下拉列表框包括“Off（无）” “All（所有）” “Interior（内部）”和“Edge（边缘）”四个选项。选择抗锯齿后，会对打印图像中相应的目标对象起柔软模糊效果，以提高真实感。

4．贴图刷新显示

当该选项被选中进行贴图渲染时，系统会预览每一个遮罩；如果该选项未被选中，系统会渲染完全部遮罩后，一起更换显示所有的遮罩。当项目中存在许多遮罩时这两种选择的区别才会比较明显。

5．贴图实时更新

该选项被选中时，对遮罩某些参数重新设置，如翻转、旋转和透明色选择等，按“Apply（应用）”键后，软件会重新渲染该遮罩；如果该选项未被选中，则不会自动重新渲染。

二、贴图（Drape）参数

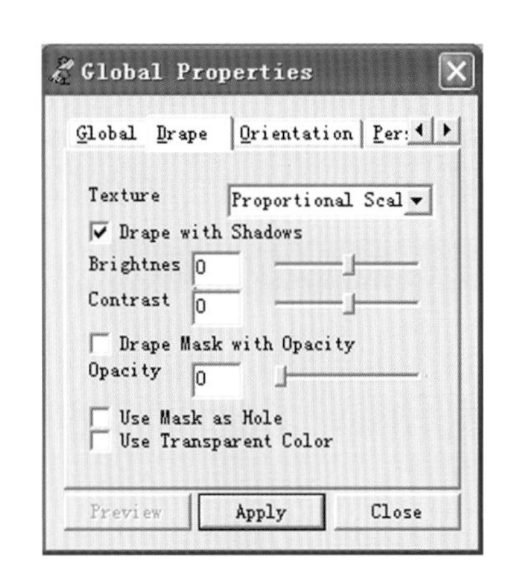

图2-18 全局参数设置对话窗——Drape

贴图参数设置页包括Texture（面料比例）、Drape with Shades（保持阴影效果）、Brightness（明度调节）、Contrast（对比度调节）、Drape Mask with Opacity（使用透明度）、Opacity（透明度调节）、Use Mask as Hole（透空遮罩）以及Use Transparent Color（使用透明色）8项（图2-18）。

1．面料比例

该选项用于设置图像面料更换时与服装图像的比例关系。面料比例下拉列表框中包括4个选项：即Scale（比例）、Proportional Scale（比例线段）、Fit in Height（参照高度）以及Fit in Width（参照宽度）。

比例——贴图渲染时，使用创建面料文件时所设置的比例。

比例线段——贴图渲染时，系统依据换装图像及面料图像中的比例线段参数计算比例。

参照高度——贴图渲染时，系统依据遮罩对应的曲面网格高度计算比例。

参照宽度——贴图渲染时，系统依据遮罩对应的曲面网格宽度计算比例。

2．保持阴影效果

该选择被选中时，贴图渲染时会保持原服装图像的阴影效果，如果该选择未被选中，贴图渲染时将没有阴影效果。

3．明度调节

当用户对贴图渲染的明度不满意时，可拖动明度滑杆进行调节，也可以在左侧的明度文本框中直接输入明度数值。

4. 对比度调节

当用户对贴图渲染效果对比度不满意时，可拖动对比度滑杆进行调节，也可以在左侧的对比度文本框中直接输入对比度数值。

5. 使用透明度、透明度调节

在“使用透明度”的复选框被选中情况下，透明度的调节滑杆才会处于有效状态下。此时，贴图渲染的透明程度是可以调节的，从而产生面料透明的效果。数值为 0 时，表示完全透明，数值为100时，表示完全不透明。

6. 透空遮罩

该选项可以将所选遮罩的区域完全透空。举一个使用透空遮罩的例子；如只更换一件上衣的面料而不更换上衣的纽扣时，首先创建上衣的遮罩，然后针对上衣的纽扣创建纽扣遮罩，并将纽扣遮罩设定为“透空遮罩”。

7. 使用透明色

该选项可使在图像面料更换时，图像面料中所设定的透明颜色透明。该选项只有在创建图像面料时设定了透明色才会起作用。

三、方向（Orientation）参数

方向参数设置页包括Flip（翻转）、Rotate（旋转）2项（图2-19）。

1. 翻转

用于设置面料在贴图渲染时，是否沿着X轴上下或沿Y轴左右翻转。

2. 旋转

用于设置面料在贴图渲染时，面料的旋转角度及旋转方向。其中“CW”代表顺时针方向，“CCW”代表逆时针方向。

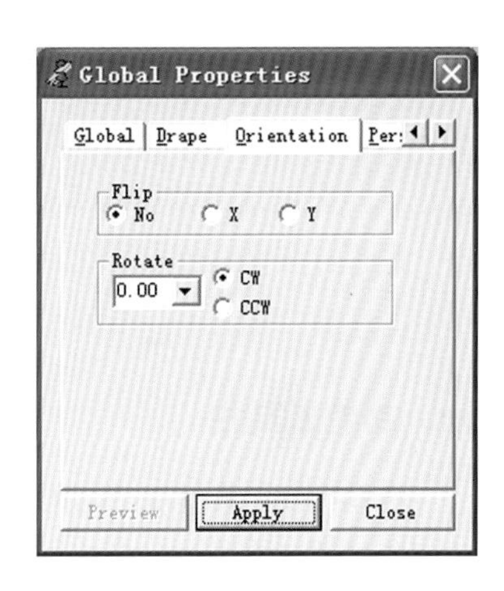

图2-19 全局参数设置对话窗——Orientation

第四节 创建图像文件面料

Draping软件更换服装面料有两种类型，一种是颜色面料，用户只需要从调色板或Windows颜色选择对话窗中选择即可；另一类是图像面料，图像面料来源于图像文件。相比颜色面料，图像面料的使用较为复杂。每一个图像面料应该包含图案的至少一个循环，同时还可以设定图案的比例、对位点及色彩属性等。图像面料文件创建并保存后才可以在Draping软件中使用，图像面料文件的扩展名为“.txr”。图像面料文件（.txr）与面料图像文件相关联，在Draping软件中使用时，要保证两个文件同时存在。图2-20为创建图像面料文件模块窗口。

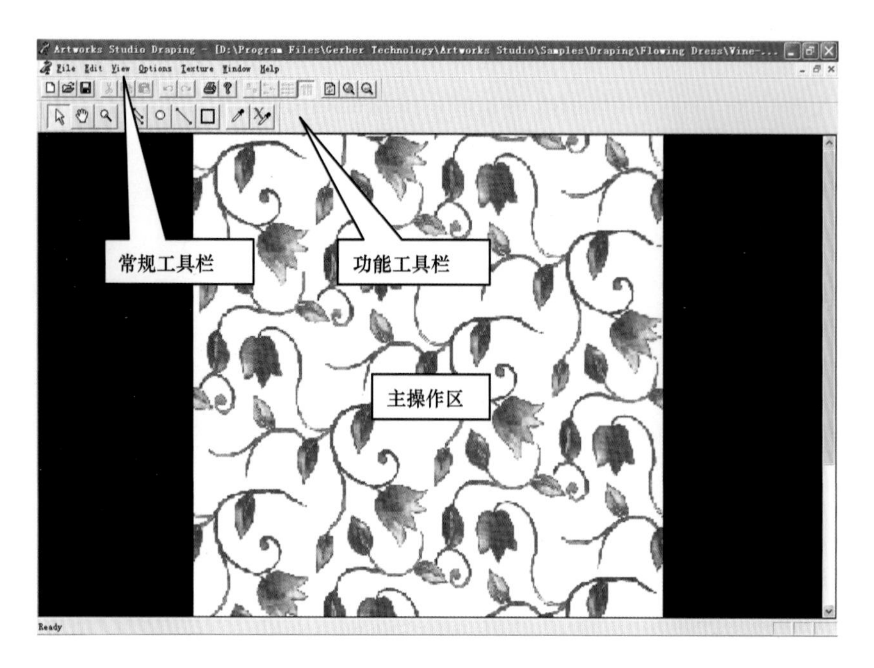

图2-20 创建图像面料文件模块窗口

创建图像面料文件模块分两类工具栏，即常规工具栏和功能工具栏。常规工具栏用于一般性的操作，如新建、打开、保存、复制、粘贴、放大显示及缩小显示等。功能工具栏中包含完成创建图像面料文件所需要的工具，如定义单元图像、设置比例、创建比例线段、设置对位点、色彩属性等。常规工具栏及功能工具栏的部分工具的使用方法在本章第二节已详细介绍过了，本节主要介绍面料创建模块的几个新工具的使用方法。

一、功能工具栏

图像文件面料模块的功能工具栏及各工具按钮名称如图2-21所示。创建图像文件面料需要通过该工具栏中的几个工具来完成。功能工具栏中的前5个工具在前面的章节已介绍过，下面将后面4个工具的功能及主要操作方法进行详细介绍。

（1）【比例】工具：该工具用于设置面料渲染时所采用的缩放比例。该比例只有在遮罩的比例属性设置为“Scale”时才会起作用。单击【比例】工具，弹出面料比例设置对话窗（图2-22），用户根据需要调节比例滑杆的位置，调节完成后按“Enter”键返回【选择】工具状态。

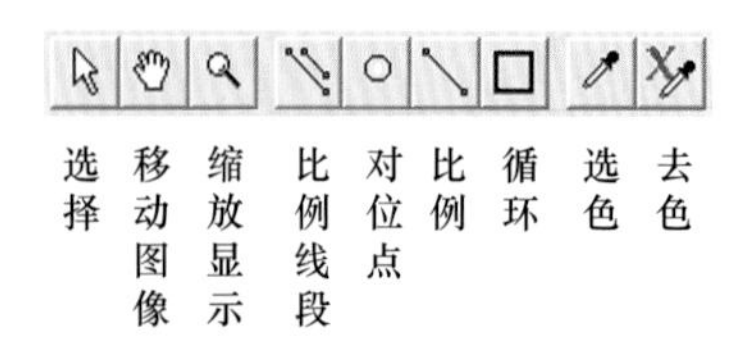

图2-21 创建图像文件面料功能工具栏

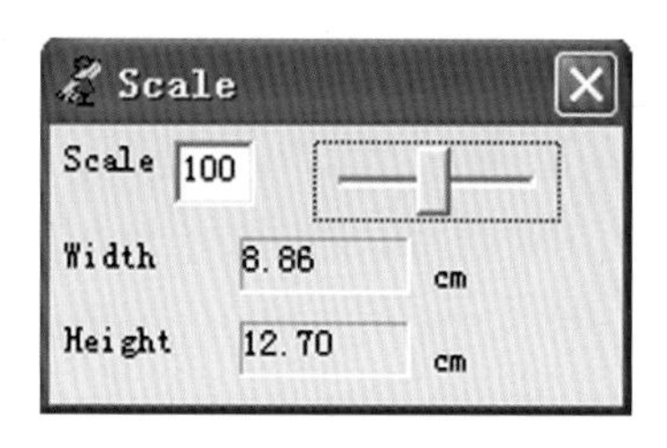

图2-22 面料比例设置对话窗

（2）【循环】工具：【循环】工具用于设定图像面料文件的花型单元以及花型的循环规律。绝大多数情况下，面料上的花型图案均是以一个花型单元为基础，按照一定的循环规律排列构成的。选择【循环】工具，系统弹出循环设定对话窗（图2-23），在主操作区按下鼠标左键并拖动产生一个矩形区域，矩形区域的大小信息显示在循环设置对话窗最上端，其长度单位采用在全局参数设置中所选择的单位。系统默认循环单元为整个图像。矩形区域的四角及四边中点处各有1个实心的小正方形块，用户可用鼠标拖动任一个实心小正方形块对矩形区域进行调整直至满意。在“循环设置对话窗”中还需要进行面料图案的一些相关参数设置，参数包括No Repeat in X（X方向不循环）、No Repeat in Y（Y方向不循环）、Vertical Drop（垂直错位）、Horizontal Shift（水平错位）、Flip Row（行翻转）和Flip Column（列翻转）。

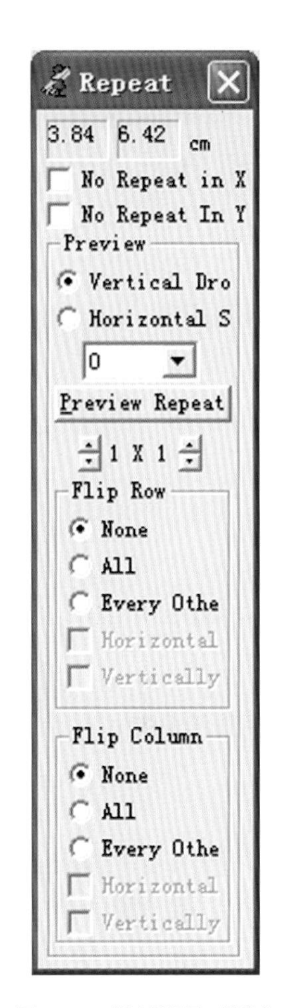

图2-23 循环设置对话窗

X方向不循环：该复选框被选中时，单元图案沿X方向不循环。

Y方向不循环：该复选框被选中时，单元图案沿Y方向不循环。

垂直错位：该单选框被选中时，单元图案沿垂直方向错位重复。

水平错位：该单选框被选中时，单元图案沿水平方向错位重复。

水平或垂直方向的错位量在位于其下方的下拉列表框中进行选择，可选择的参数包括1/2、1/3、1/4、1/5、1/6、1/8和1/16。

行翻转：该选项用于设置每行的循环单元的翻转方向与规则。

列翻转：该选项用于设置每列的循环单元的翻转方向与规则。

整行或整列的翻转方向包括“Horizontal”（水平）和“Vertical”（垂直）两个方向，翻转规则包括“None”（无）“All”（全部）“Every Other”（间隔）三个选项。

上述各参数设置完成后，可选择显示的循环参数，按“Preview Repeat”（预览循环）键，系统弹出预览窗口，观察循环参数的设置效果。当对循环满意后，就可以按常规工具栏中的【保存】工具按钮进行保存。

设置不同的循环参数，可以得到不同的面料效果。图2-24为一图案单元，图2-25为4×4为零错位（平接），且无行列翻转的模拟效果；图2-26为4×4为1/2垂直错位（垂直1/2接），且无行列翻转的模拟效果；图2-27为4×4为零错位，且所有行水平翻转的模拟效果；图2-28为4×4错位为零错位，且隔行水平翻转的模拟效果；图2-29为4×4为1/2垂直错位，且隔行水平翻转的模拟效果。

（3）【选色】工具：如果用户购买了格柏的调色板软件，调色板软件处于运行状态时，利用【选色】工具从图像面料中提供颜色并传输给调色板软件。

（4）【去色】工具：该工具用于设置图像面料中的透明颜色。在遮罩的属性中设置了“使用透明色”的情况下，在进行贴图渲染时，选中的颜色将变为透明，从而产生面料镂空的效果。

图2-24 单元图案

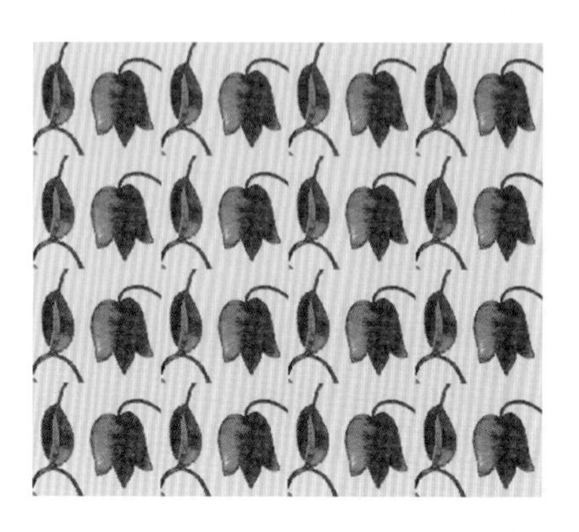

图2-25 零错位无行列翻转（平接）

图2-26 1/2垂直错位无行列翻转（垂直1/2接）

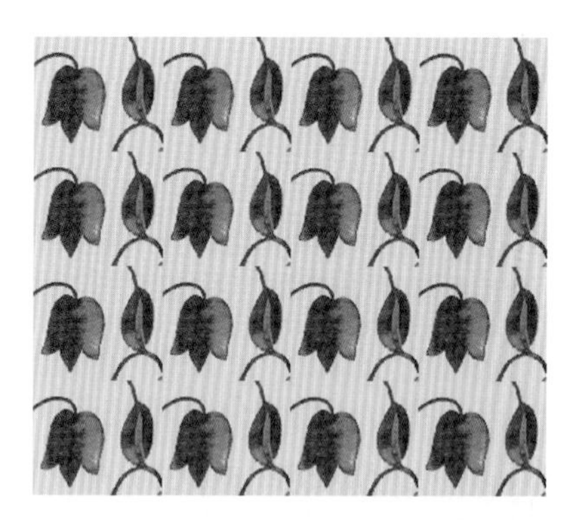

图2-27 零错位所有行水平翻转

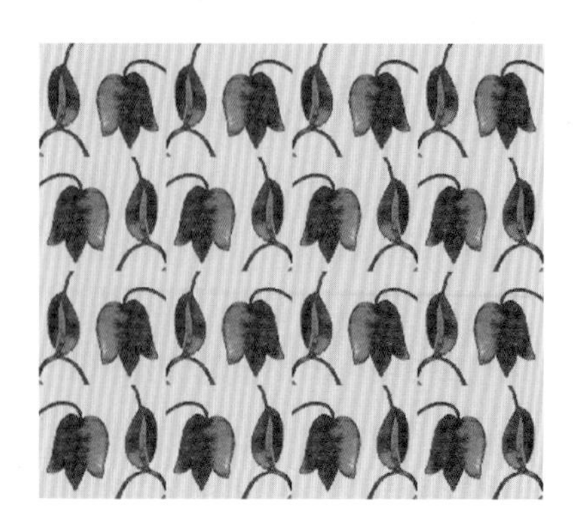

图2-28 零错位隔行水平翻转

图2-29 垂直1/2错位隔行水平翻转

二、创建面料

将一块真实的面料创建为Draping软件可以使用的图像面料，首先利用扫描仪或数码相机将面料输入，再利用图像处理软件对图片进行预处理，如“自动色阶”“自动对比度”“去杂色”等，预处理完成后再通过以下4步创建图像面料文件。

1. 选择图像文件

选择菜单“File (文件)”——“New(新建)”，弹出新建项目类型选择对话窗（图2-30），选择“Texture(面料)”，按“确定”键，系统弹出图像文件选择对话窗（图2-31）。选择面料图像文件，本节以Vine-Peach.bmp为例，按“确定”键。系统进入创建图像面料文件模块窗口（图2-32）。

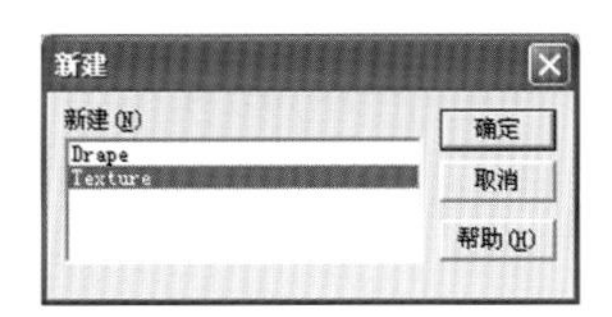

图2-30 新建Texture类型文件

图2－31 选择图像文件对话窗

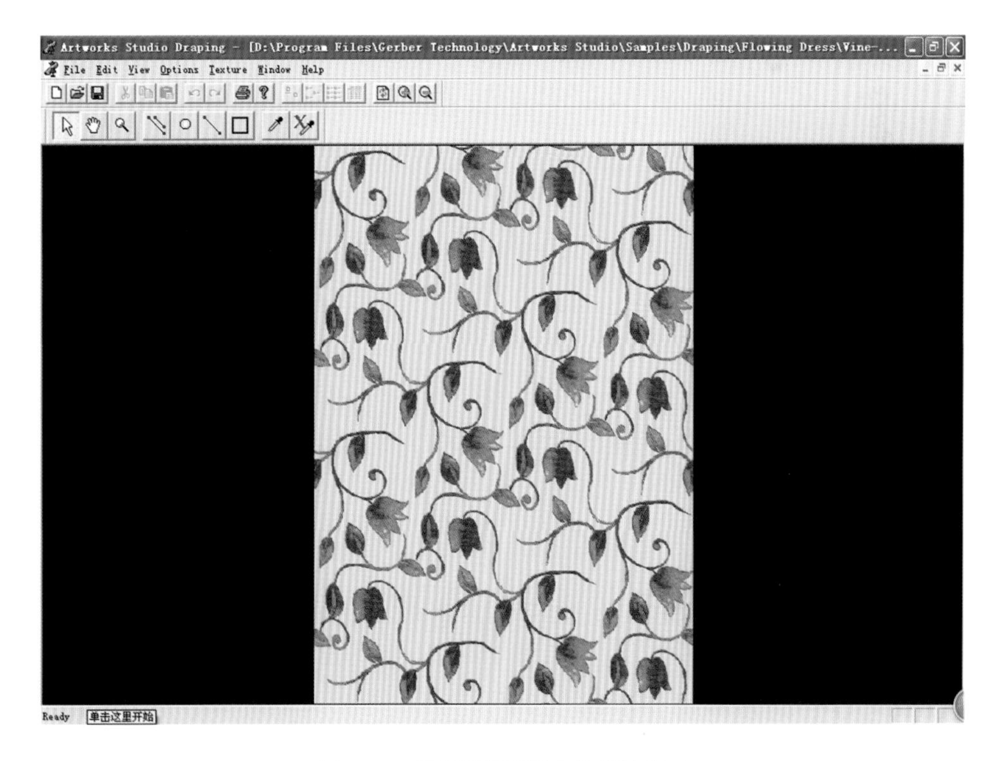

图2-32 创建图像面料文件模块窗口

2. 设置单元图案及循环参数

系统默认整个图像作为重复单元。可以根据需要利用【循环】工具选择一个单元图案（图2-33）。在循环设置对话窗中设置1/2垂直错位、预览循环3×3，点击【Preview Repeat】按钮，在预览窗口观察效果（图2-34）。确认重复单元及循环参数设置无误，关闭预览窗口。

图2-33 单元图案

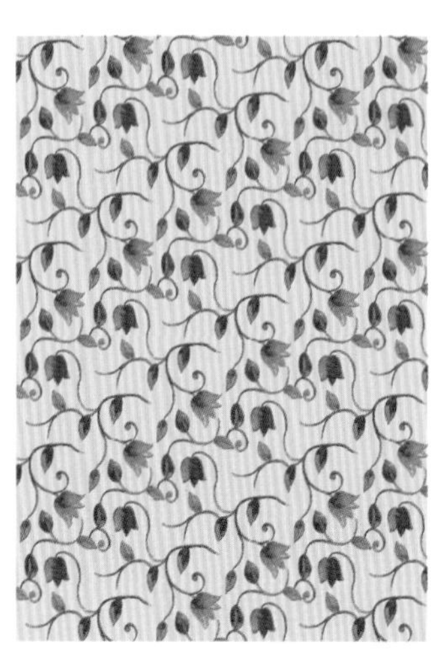

图2-34 循环效果预览

3. 设置比例

设置比例可以利用两个工具完成，一是【比例】工具，另一个为【比例线段】工具，本例使用【比例线段】工具。选择【比例线段】工具，并在主操作区的单元图案处按下鼠标左键，向下拖拉出一条表示单元图案高度的垂直线，并在比例线段对话窗中输入该线段在实际面料中的长度，如：30cm。

4. 保存面料文件

点击常规工具栏中的【保存】按钮，在保存对话窗中输入文件名称并单击【保存】键。

至此，一个图像文件面料文件（.txr）就创建成功了。对于某些类型的面料，还需要进行一些较为特殊的设置。如希望在面料更换时对花对格，就需要通过【对位点】工具设置面料的对位点；对于具有镂空效果的面料还需要利用【去色】工具设置透明色，全部设置完成后保存供更换面料时使用。

第五节 Draping 应用实例

一、Draping软件的基本操作流程

Draping软件的基本操作流程如图2-35所示。

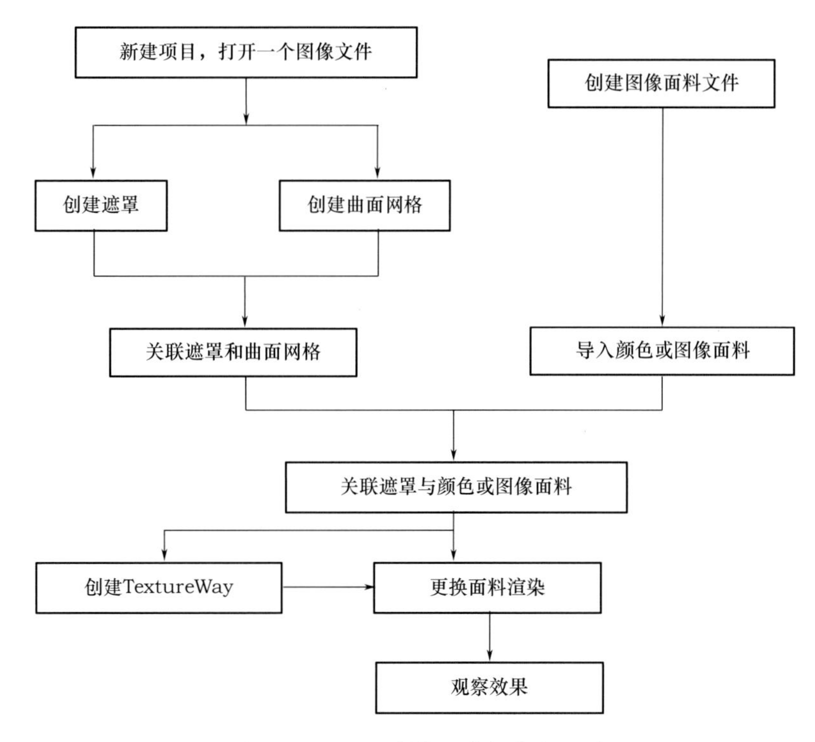

图2-35　Draping软件基本操作流程图

二、连衣裙

选择菜单“File (文件)”——“New(新建)”，弹出新建项目类型选择对话窗，选择“Drape”类型（图2—36）。按【确定】键。系统弹出图像文件选择对话窗，打开Draping软件实例文件夹中的连衣裙文件夹（Samples/Draping/Sundress），选择连衣裙图像文件Flowingdrwss-scan.jpg，按【确定】键。系统进入Draping软件主窗口。然后按以下8个步骤进行。

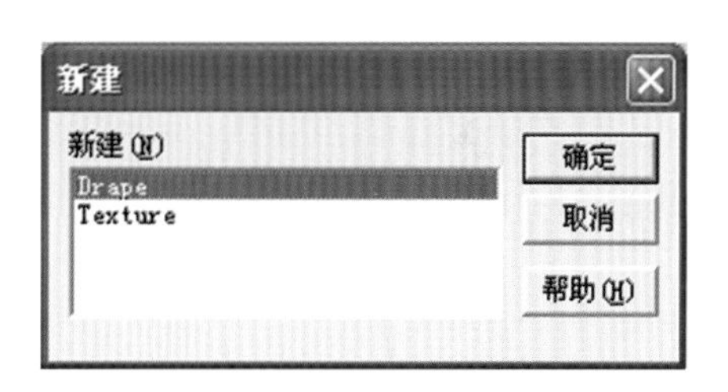

图2-36　新建Drape类型文件

1. 创建遮罩

连衣裙图像见图2-37。根据该款式连衣裙的结构特点，利用【遮罩】工具共需创建6个遮罩（图2-38）。图中裙子右侧的飘带被模特的手握持，虽为一条连续的带子，但在本例中，模特的手是不应该被更换颜色或面料的，所以右侧飘带必须分成两个遮罩来创建。每个遮罩创建成功后的默认名称为“Mask-”加序号，即Mask-1、Mask-2、Mask-3等。当遮罩数量很少时，这种命名方式影响不大。但当遮罩数量很多时，如何准确选择需要的遮罩会有一定的难度。因此为了之后操作的便利，在遮罩创建成功后，在主工作区右侧的对象列表框将遮罩名称改为方便识别的词语。连衣裙的6个遮罩分别改名为：Body、L-Collar、R-Collar、Tie1、Tie2和Tie3（图2-39）。

图2-37　连衣裙图像

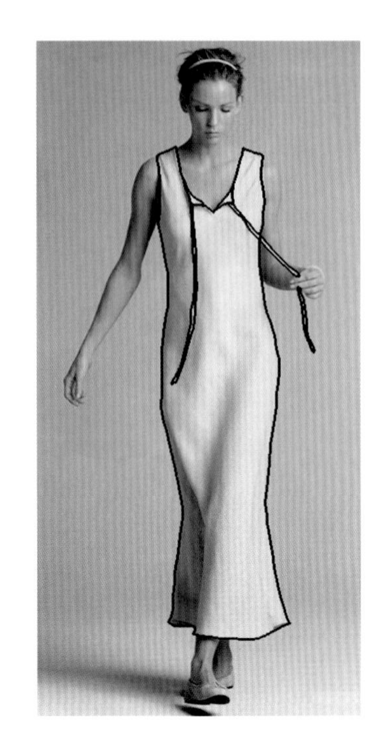

图2-38　创建遮罩示意图

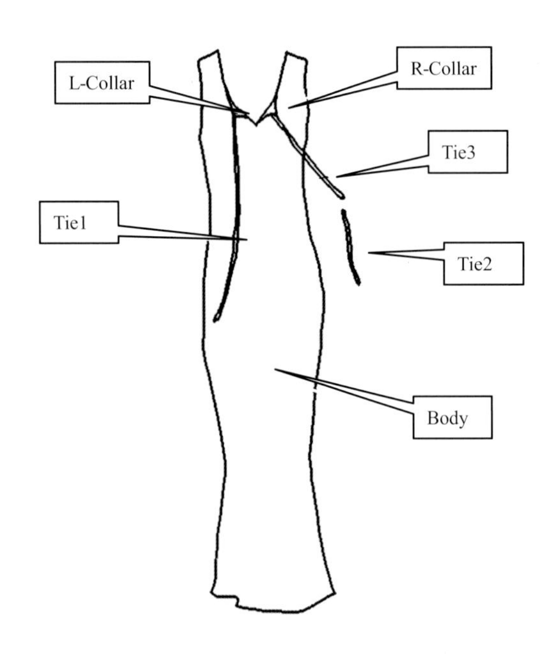

图2-39　连衣裙遮罩命名示意图

2. 创建曲面网格

曲面网格是实现Draping功能的关键，曲面网格的形态决定了渲染后面料的立体效果。首先创建连衣裙主体的网面网格。利用【曲面网格】工具按照连衣裙的形态特征绘制曲面网格边界线，曲面网格边界线要略大于连衣裙主体的遮罩（图2-40）。每个曲面网格创建成功后的默认名称均为“Surface-”加序号，即Surface-1、Surface-2、Surface-3等。当曲面网格数量很少时，这一命名方式影响不大。但当曲面网格数量较多时，如何准确选择需要的曲面网格会有一定的难度。因此为了之后操作的便利，在曲面网格创建成功后，在主工作区右侧的对象列表框中将曲面网格名称修改为方便识别的词语。连衣裙的主体曲面网格可命名为“Surface-Body”。

为使曲面网格内部细节更逼真，需要为连衣裙主体曲面网格创建一条辅助曲线，（图2-41），曲线可命名为“Curve-Body”；利用【曲面角点】工具为连衣裙主体曲面网格设

图2-40 曲面网格边界线

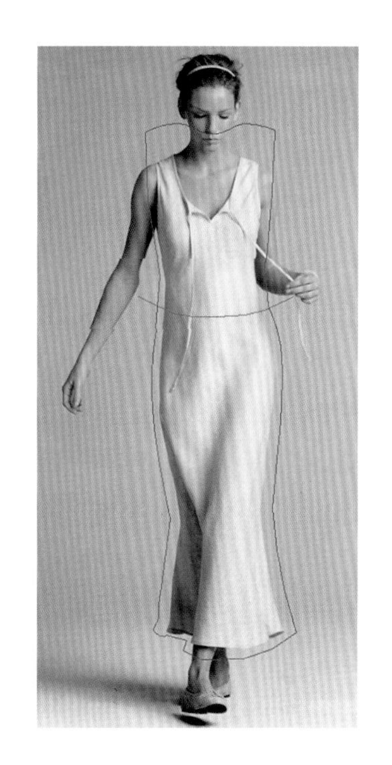
图2-41 创建一条曲线

置角点（图2-42）。选中连衣裙主体的曲面网格及曲线，单击鼠标右键，在弹出菜单中选择“Generate Grid”（生成网格），在系统弹出的“网格密度选择对话窗”中选择“Fine”（精细），按【OK】键，生成连衣裙主体曲面网格的内部细节（图2-43）。如果要修改网

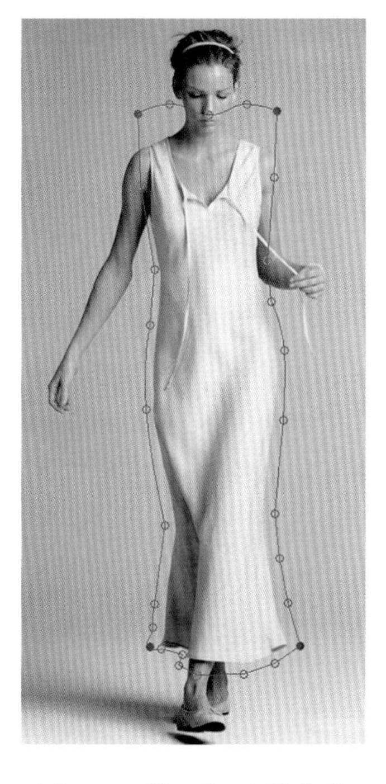
图2-42 设置曲面网格角点

图2-43 生成曲面网格

格密度，可以通过右键菜单重新生成。内部细节生成后，双击曲面网格进入【移动点】工具状态，对曲面网格内部细节点进行调整，使得曲面网格内部线与连衣裙面料的经、纬线走势一致或近似一致。按下“Shift”键，再用鼠标依次点击需要一起移动调整的点（可以选中多个点），此时，被选中的点会成为“●”状态（图2–44），然后利用鼠标可以同步移动这些被选中的点。此外，在【移动点】工具状态下，利用鼠标拖选矩形区域，可将矩形区域中的所有网格点选中。如果希望重新修改曲面网格边界线，再重新生成内部细节，可以选中已生成内部细节的曲面网格，单击鼠标右键，在弹出菜单中选择“Destroy Grid”（删除网格）删除内部细节后，双击曲面网格进入【移动点】工具状态，对其曲面网格的边界线进行调整，调整完成后重新通过右键菜单生成曲面网格的内部细节。

同样方法，为其他5个遮罩创建曲面网格。由于其他5个遮罩很小且结构比较简单，所以只需要创建类似长方形的曲面网格就可以了（图2–45），并将它们分别命名为Surface–L–Collar、Surface–R–Collar、Surface–Tie1、Surface–Tie2和Surface–Tie3。

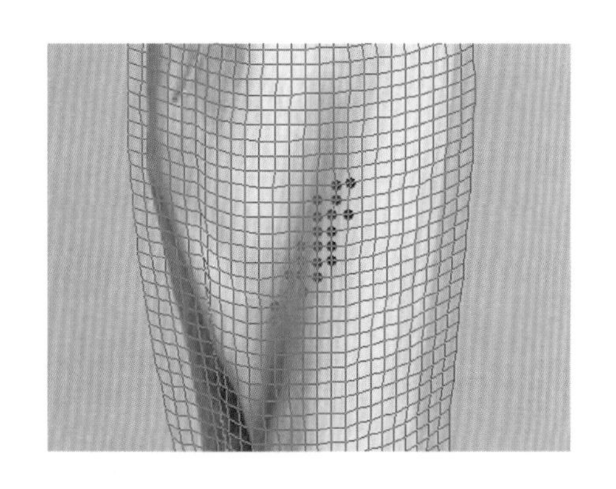

图2–44 选择多个曲面网格内部点

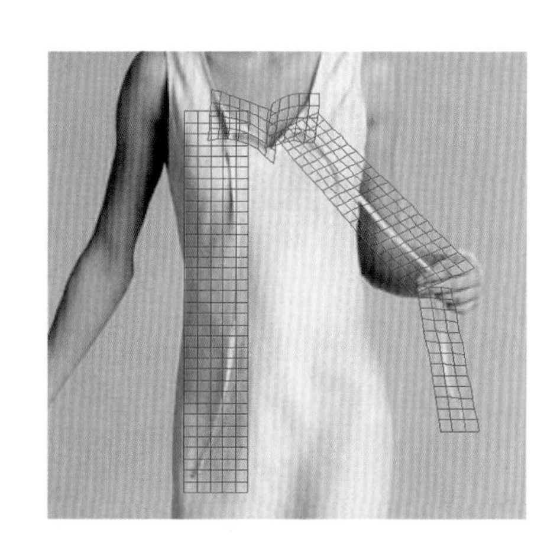

图2–45 其他5个曲面网格

3. 关联遮罩与曲面网格

按下“Ctrl”键，在操作区右侧的对象列表框，用鼠标选中Body遮罩及Surface–Body曲面网格，并单击鼠标右键，在弹出的菜单中选择“Assign Surface”，将Body遮罩与Surface–Body曲面网格关联起来。同理，将L–Collar、R–Collar、Tie1、Tie2和Tie3遮罩分别与Surface–L–Collar、Surface–R–Collar、Surface–Tie1、Surface–Tie2和Surface–Tie3曲面网格一一关联。为防止偶发事件的发生，使之前的操作前功尽弃，可以进行一下保存。按常规工具栏中的【保存】工具，在保存对话窗中输入项目名称，按【确定】键完成保存。

4. 导入颜色和图像面料

单击功能工具栏中的【添加纯色面料】工具，在系统弹出的颜色选择对话窗中选择颜色，如浅蓝色，浅粉色、白色。单击功能工具栏中的【添加图像面料】工具，导入之前已经创建好的图像面料。在本例中，可以选择 Gate–Blue、Gate–Blue Big、Watercolor、Vine–

Peach和Vine-White Small。

5. 关联遮罩与颜色、图像面料

在工作区右侧的对象列表框中将每个遮罩与将要更换上去的面料关联起来。如连衣裙主体采用Gate-Blue面料，带子采用浅蓝色。按下“Ctrl”键，用鼠标选中Body、L-Collar和R-Collar遮罩以及Gate-Blue面料，并单击鼠标右键，在弹出的菜单中选择“Assign Texture”，将Body、L-Collar和R-Collar遮罩与Gate-Blue面料关联起来。同理，将Tie1、Tie2和Tie3遮罩与浅蓝色关联。

6. 设置比例线段

为使服装与面料图案的比例关系尽可能准确、真实，建议在创建面料时为每一块图像面料设置比例线段。同样，对于连衣裙也要设置比例线段。选择【比例线段】工具，在主操作区按下鼠标左键，垂直拖动绘出一条代表模特或连衣裙高度的垂线，在弹出的“比例线段对话窗”中，输入该垂线的实际长度，如175cm（模特高度），按【Enter】键完成。选中Body遮罩，单击鼠标右键，在键菜单中选择“Properties”，系统弹出Body遮罩“属性设置对话窗”（图2-46）。选择“Drape”页，在Texture的下拉列表框中选择“Proportional Scale”，按【Apply】键应用该设置，再按【Close】键关闭“属性设置对话窗”。同理，将L-Collar遮罩和R-Collar遮罩的面料比例属性均设置为“Proportional Scale”。因为连衣裙的左右飘带均用纯色进行更换，不必考虑比例问题，所以不用设置它们的面料比例属性。

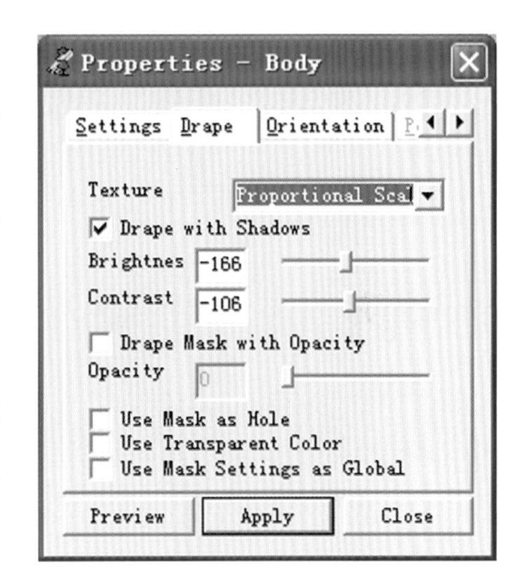

图2-46　Body遮罩属性页

7. 渲染

在主操作区，单击鼠标右键，在弹出的菜单中选择“Drape All”，软件将所有遮罩用与之关联的面料进行渲染，渲染完成效果（图2-47）。如果对某一遮罩区渲染的色彩效果不满意，可以选中该遮罩，如Body遮罩，单击鼠标右键，在菜单中选择“Properties”，在系统弹出Body遮罩“属性设置对话窗”中调节Brightness（明度）和Contrast（对比度）（图2-46），使渲染效果更加逼真。

8. 创建TextureWay

如果对当前的面料搭配满意，还希望尝试其他面料搭配效果并与之进行对比，可以通过创建TextureWay实现。每次新建Draping项目，系统会在主工作区左侧的TextureWay列表框中自动创建一个名为“TextureWay-1”的对象，代表一种面料更换效果，可以通过右键菜单修改其名称。为了方便记忆，通常将TextureWay改为与导入的面料相关联的名称，如：Gate-Blue。在TextureWay列表框单击鼠标右键，在弹出的菜单中选择“New

TextureWay”创建一个新TextureWay项目。为了对新建的TextureWay进行操作，首先通过鼠标选中新建的TextureWay，单击鼠标右键，在弹出的菜单中的选择“Activate Selected TextureWay”激活新建的TextureWay。在工作区右侧的对象列表框按步骤5重新关联遮罩与面料。将Body、L-Collar和R-Collar遮罩与Gate-Blue Big面料关联，再将Tie1、Tie2和Tie3遮罩与浅蓝色关联，并将当前TextureWay名称改为面料的名称Gate-Blue Big。同理，再创建三个TextureWay，分别为Vine-Peach Big、Vine-White和Watercolor（图2-48）。在TextureWay列表框，可以通过右键菜单选择激活任一个TextureWay，或通过按“Tab”键将各个TextureWay依次设为激活状态。

图2-47 渲染效果图

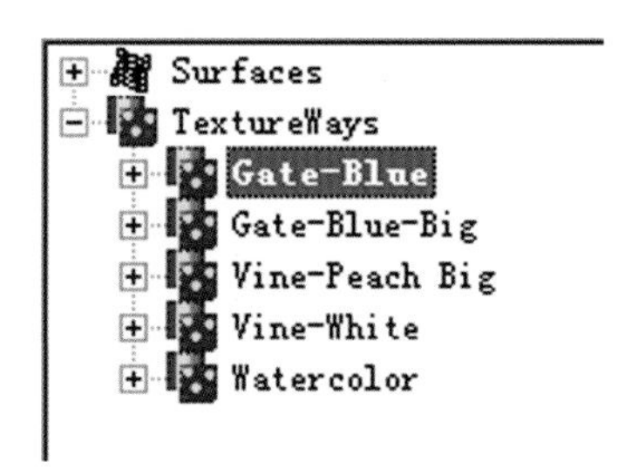

图2-48 TextureWay列表示意图

9. 渲染全部TextureWay

当完成了所有TextureWay的相关工作后，在工作区左侧的TextureWay列表框单击鼠标右键，在弹出的菜单中选择“Drape All TextureWay”，或直接按“F4”，对此前所设置的5种面料更换组合进行渲染。渲染完成后，通过在TextureWay列表框连续按键盘的“Tab”键，就可以在主操作区依次观察每一个TextureWay的面料更换效果了。

10. 保存

当完成所有工作后，按常规工具栏中的【保存】工具进行保存。

11. 打印

如果需要打印，可选择菜单“View”——“Multi TextureWay Stamps”，系统弹出TextureWay模拟效果打印窗口，用户可以设置每页打印的效果图数、打印质量、打印信息选项等，按【Print】键进行打印（图2-49）。

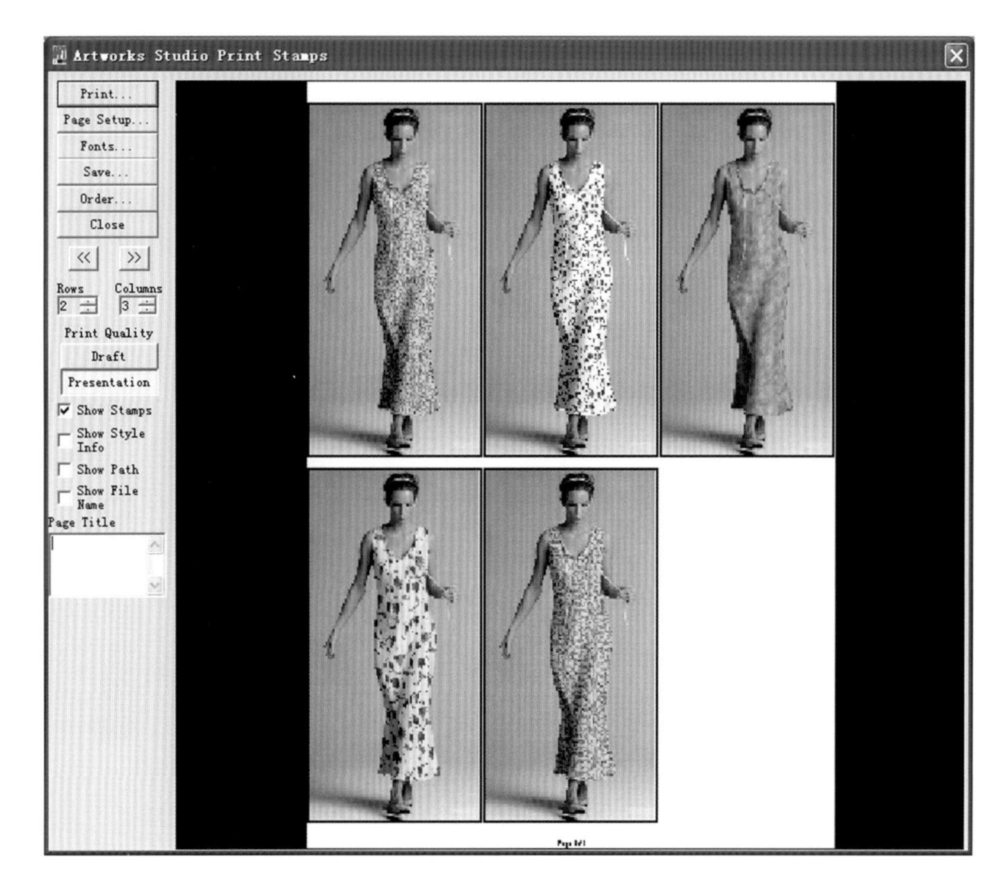

图2-49 多TextureWay打印对话窗

三、男装

男装项目的创建方法与连衣裙相同。打开Draping软件实例文件夹中男装文件夹（Samples/Draping/Mens），选择男装图像文件MenSuit.jpg。

1. 创建遮罩

男装图像见图2-50。该男装图像包括衬衫、西服上衣、裤子及领带，所以应该分别针对这4个部分创建遮罩。Draping软件的渲染具有层的概念，最先创建的遮罩位于最底层，最后创建的遮罩位于最顶层，当两个或多个遮罩之间有相互重叠的区域时，渲染后重叠的区域只显示最上层遮罩的渲染效果。因此，有时为了操作方便及效率，位于较下层的遮罩的部分边界线可以不必过于精细。在本男装实例中，首先创建衬衫遮罩，由于衬衫遮罩大身部分位于最底层，因此，利用【遮罩】工具创建一个大致形状的衬衫大身遮罩（图2-51），并在主操作区右侧的对象列表框中命名为“Shirt”之后，再创建两个衬衫领子遮罩（图2-52），并分别命名为“Collar Right”和“Collar Left”。衬衫前面有纽扣，通常情况下，纽扣颜色与衬衫颜色是很相近的，而且纽扣很小，所以在本例中可以忽略纽扣，不必为纽扣单独创建遮罩，对最终的模拟效果没有影响。

完成衬衫遮罩后，开始创建西装上衣遮罩。首先创建西装上衣左侧遮罩，由于西装上衣左侧部分被袖子和手分割为二，所以需要创建上下两个遮罩（图2-53），并分别取名为“Jacket Left”和“Jacket Tail”。与驳头和袖子交界的地方不必很精细，因为它们会被之后创建的袖子和驳头的遮罩所覆盖。实际上，西装上衣左侧下摆应该分别创建两个遮罩，因为该区域包括服装正面及服装内侧两个部分，并不是一个连续的曲面，但由于服

图2-50 男装图像

图2-51 衬衫大身遮罩

图2-52 衬衫领子遮罩

图2-53 西装左侧遮罩

装的该区域处于阴影处，光线很暗，所以只创建一个遮罩不仅方便，也不太会影响最终的模拟效果。此后，对于西装上衣的其他区域，分别创建左、右袖子及左、右驳头和胸袋5个遮罩（图2–54），并分别命名为“Sleeve Left”“Sleeve Right”“Lapel Left”“Lapel Right”和“Pocket”。最后创建领带遮罩（图2–55），并命名为“Tie”。

裤子分左右片及腰头和裤襻，但如果按照这样的分析来创建遮罩也会比较多。在不影响模拟效果的前提下可以简化遮罩的创建。在本例中，裤子只需要创建左右两个遮罩即可。先创建裤子左侧遮罩，再创建裤子右侧遮罩。分别命名为“Pant Left”和“Pant Right”（图2–56）。至此，所有遮罩均已创建完成，共计13个遮罩。

图2–54 西装袖子、驳头、胸袋遮罩

图2–55 领带遮罩

图2–56 裤子遮罩

2. 创建曲面网格

曲面网格的形态决定了渲染后面料的立体效果。首先创建衬衫大身的曲面网格，利用【曲面网格】工具按照衬衫的形态特征绘制曲面网格边界线（图2–57），并将其命名为“Surface–Shirt”。利用【曲面角点】工具为衬衫曲面网格设置角点后，利用右键菜单中的“Generate Grid”生成曲面网格的内部细节，生成内部细节的网格密度选择“Average”（中等）。曲面网格的内部细节生成后效果如图2–58所示。双击衬衫曲面网格进入【移动点】工具状态，可以对曲面网格的内部细节进行微调。如果衬衫只是更换纯色面料或非条格图案的面料，也可以不进行微调。按同样方法，创建衬衫左右领子的曲面网格（图

2-59），分别取名为“Surface-Collar Left”和“Surface-Collar Right”。

西装上衣需要创建的曲面网格比较多，首先创建西装左袖的网面网格。西装左袖曲面比较复杂，为了使曲面网格内部细节更逼真，需要借助曲线辅助生成。利用【曲面网格】工具按照西装袖子的形态特征绘制曲面网格边界线，并命名为“Surface-Sleeve Left”。利用【曲线】工具按照西装袖子的形态特征沿袖子中间从上至下绘制一条曲面（图2-60），该曲线可以使用默认名称“Curve-1”。利用【曲面角点】工具为西装袖子曲面网格设置角点后，同时选中西装袖子曲面网格和“Curve-1”曲线，利用右键菜单中的“Generate Grid”生成袖子曲面网格的内部细节，并且生成内部细节的网格密度选择“Fine”（精

图2-57 衬衫大身曲面网格轮廓线

图2-58 衬衫大身曲面网格

图2-59 衬衫领子曲面网格

图2-60 西装左袖曲面网格轮廓线及曲线

细）。袖子曲面网格的内部细节如图2-61所示，此时生成的袖子曲面网格已基本符合袖子形态模拟要求。如果想要再进一步微调，可以双击衬衫曲面网格进入【移动点】工具状态，对曲面网格的内部细节进行微调，直至满意。

西装左侧被袖子及模特的手分割为两部分，首先创建上部遮罩的曲面网格。该曲面网格的轮廓线如图2-62所示，命名为“Surface-Jacket Left”，随后生成内部细节（图2-63）。由于所生成的曲面网格内部细节在门襟处过于平，而实际西装图像中存在一个明显的褶皱，因此，双击进行进入【移动点】工具状态，对曲面网格的左下角部分内部点进行调整，调整后效果如图2-64所示。

图2-61 西装左袖曲面网格

图2-62 西装左侧曲面网格轮廓线

图2-63 西装左侧曲面网格

图2-64 西装左侧曲面网格内部细节调整

西装左侧下部曲面也比较复杂，为了使曲面网格内部结构尽可能逼真，需要借助曲线辅助生成。该区域的曲面网格轮廓线及辅助曲线见图2-65，并分别命名为“Surface-Jacket Tail”和“Curve-2”。设置角点后，生成内部细节的网格密度选择“Fine”（精细），图2-66为生成后的曲面网格内部细节。进一步调整后，最终效果如图2-67所示。西装上衣的其余4个遮罩的曲面网格相对比较简单，分别为左右驳头、胸袋及右袖口这四个曲面网格（图2-68），分别命名为“Surface-Lapel Left”“Surface-Lapel Right”“Surface-Pocket”和“Surface-Sleeve Right”。

图2-65 西装左下摆曲面网格轮廓线及曲线

图2-66 西装左下摆曲面网格

图2-67 西装左下摆曲面网格细节调整

图2-68 西装的其余4个曲面网格

领带的曲面网格也要尽可能符合领带的表面形态，创建的曲面网格见图2-69。曲面网格被命名为“Surface-Tie”。裤子左侧遮罩的曲面网格见图2-70，命名为“Surface-Pant Left”，裤子右侧遮的曲面网格见图2-71，命名为“Surface-Pant Right”。至此，所有遮罩的曲面网格均已创建完成。

图2-69 领带曲面网格

3. **关联遮罩与曲面网格**

按下“Ctrl”键，在主操作区右侧的对象列表框中，用鼠标选中“Shirt”遮罩及“Surface-Shirt”曲面网格，并单击鼠标右键，在弹出的菜单中选择“Assign Surface”，将衬衫的遮罩与相对应的曲面网格关联起来。同理，将衬衫

图2-70 裤子左侧曲面网格

图2-71 裤子右侧曲面网格

的其他2个遮罩“Collar Left”和“Collar Right”分别与曲面网格“Surface-Collar Left”和“Surface-Collar Right”一一关联。将西装上衣的7个遮罩“Sleeve Left”“Sleeve Right”“Lapel Left”“Lapel Right”“Jacket Left”“Jacket Tail”和“Pocket”分别与曲面网格“Surface-Sleeve Left”“Surface-Sleeve Right”“Surface-Lapel Left”“Surface-Lapel Right”“Surface-Jacket Left”“Surface-Jacket Tail”和“Surface-Pocket”一一关联。将领带遮罩“Tie”与曲面网格“Surface-Tie”关联。将裤子的两个遮罩“Pant Left”和“Pant

Right”分别与曲面网格“Surface-Pant Left”和“Surface-Pant Right”一一关联。至此，所有遮罩均已与对应的曲面网格完成关联。为防止偶然事件的发生，使之前的操作前功尽弃，可以进行一下保存。

4. 导入颜色和图像面料

单击功能工具栏中的【添加纯色面料】工具，在系统弹出的颜色选择对话窗中选择颜色，如浅驼色、绛紫色、浅蓝色，浅灰色、浅粉色、橄榄绿等颜色；单击功能工具栏中的【添加图像面料】工具，导入之前已经创建好的图像面料。本例中，选择 Mustard Field、BurgHerring240、Houndstooth和Small50。

5. 关联遮罩与颜色、图像面料

在主操作区右侧的对象列表区将每个遮罩与将要更换上去的面料关联起来。如西装上衣和裤子采用Mustard Field面料。按下“Ctrl”键，用鼠标选中7个上衣遮罩“Jacket Left”“Lapel Left”“Lapel Right”“Sleeve Left”“Sleeve Right”“Jacket Tail”和“Pocket”、选中两个裤子遮罩“Pant Left”和“Pant Right”以及Mustard Field面料，单击鼠标右键，在弹出的菜单中选择“Assign Texture”，将上衣及裤子的全部遮罩与Mustard Field面料关联起来。同理，将衬衫遮罩“Collar Left”“Collar Right”和“Shirt”遮罩与浅驼色关联，将领带遮罩“Tie”与绛紫色关联。

6. 设置比例线段

为使服装与面料图案的比例关系尽可能准确，建议在创建面料时为每一块图像面料设置比例线段。同样对于男西装图像也要设置比例线段。选择【比例线段】工具，在主操作区按下鼠标左键，垂直拖动绘出一条与西装上衣高度一致的直线，在弹出的“比例线段对话窗”中，输入该垂线的实际长度，如80cm（上衣长度），按“Enter”键完成。在主操作区单击鼠标右键，在弹出的菜单中选择“Select All”——“Masks”，选中所有的遮罩，再次单击鼠标右键，在系统弹出的遮罩“属性设置对话窗”中，选择“Drape”页，在Texture的下拉列表框中选择“Proportional Scale”，按【Apply】键应用该设置，按【Close】键关闭“属性设置对话窗”。这样可以将所有遮罩的面料渲染比例设置完成。

7. 渲染

在主操作区，单击鼠标右键，在弹出的菜单中选择“Drape All”，软件将所有遮罩用关联的面料进行渲染，完成渲染的效果见图2-72。如果对某一遮罩区渲染的色彩效果不满意，可以选中该遮罩，单击鼠标右键，在右键菜单中选择“Properties”，在系统弹出“属性设置对话窗”中调节Brightness（明度）和Contrast（对比度），以使渲染效果更加逼真。

8. 创建TextureWay

如果对当前的面料搭配满意，还希望尝试其他面料并进行搭配对比，可以通过创建TextureWay实现。每次新建Draping项目，系统会在主操作区左侧的TextureWay列表框中自动创建一个名为“TextureWay-1”的对象，代表一种面料更换效果。可以通过右键菜单修改其名称。为了方便记忆，通常改为与面料相关联的名称，可将当前TextureWay的名称改为“Mustard Field”。在TextureWay列表框中单击鼠标右键，在弹出的菜单中选择“New TextureWay”创建一个新TextureWay项目。为了对新建的TextureWay进行操作，首先通过鼠标选中新建的TextureWay，单击鼠标右键，在弹出的菜单中的选择“Activate Selected TextureWay”激活新建的TextureWay。在工作区右侧的对象列表框按步骤5重新关联遮罩与面料。分别设置好西装上衣、裤子、衬衫及领带的面料或颜色。另创建3个新的TextureWay，分别命名为“BurgHerring240”“Houndstooth”和“Small50”（图2-73），依次设置每个TextureWay中的遮罩与面料的关联关系。

图2-72 男装渲染效果图

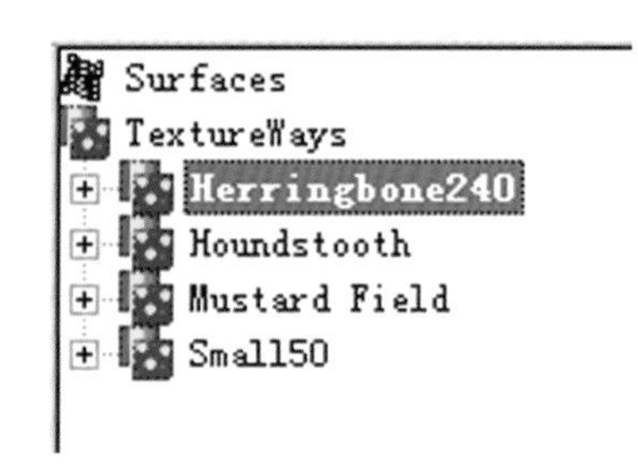

图2-73 男装TextureWay列表示意图

9. 渲染全部TextureWay

当完成了所有TextureWay的设置工作后，单击鼠标右键，在弹出的菜单中选择“Drape All TextureWays”，对所有的TextureWays进行渲染。渲染完成后，在TextureWay列表框按“Tab”键，就可以在中间的主操作区依次观察各个TextureWay的面料更换效果了。图2-74为“BurgHerring240”“Houndstooth”和“Small50”3个TextureWay的渲染效果。

10. 保存

当完成所有工作后，按常规工具栏中的【保存】工具进行保存。

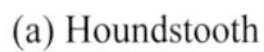

(a) Houndstooth

(b) BurgHerring240

(c) Small50

图2-74　男装面料更换效果示意图

第六节　Draping软件快捷键

Draping软件快捷键一览表见下表。掌握并熟记这些快捷键，非常有助于提高Draping软件的使用效率。

Draping软件快捷键一览表

序号	功能	快捷键
1	【选择】工具	Ctrl + 1
2	【移动图像】工具	Ctrl + 2
3	【旋转/倾斜】工具	Ctrl + 3
4	【移动点】工具	Ctrl + 4
5	【比例线段】工具	Ctrl + 5
6	【对位点】工具	Ctrl + 6
7	【比例】工具	Ctrl + 7
8	【循环】工具	Ctrl + 8
9	【选色】工具	Ctrl + 9
10	缩放到合适比例	Ctrl + 0
11	缩放为100%	Ctrl + Alt + 0

续表

序号	功能	快捷键
12	【放大】显示工具	Ctrl + "+"
13	【缩小】显示工具	Ctrl + "－"
14	打开参数设置对话窗	Alt + Enter
15	下一个TextureWay	Tab
16	上一个TextureWay	Shift + Tab
17	更换选中遮罩的面料或颜色	F2
18	还原选中的遮罩	Shift + F2
19	更换全部遮罩的面料或颜色	F3
20	还原全部遮罩	Shift + F3
21	更换所有TextureWay的面料或颜色	F4
22	还原所有TextureWay	Shift + F4
23	【刷新】工具	F5
24	【创建曲线】工具	F6
25	【创建遮罩】工具	F7
26	【创建自动遮罩】工具	Ctrl + F7
27	【创建曲面网格】工具	F8
28	【设置角点】工具	Ctrl + F8
29	【添加图像面料】工具	F9
30	【添加色彩面料】工具	Ctrl + F9
31	创建一个与选中的遮罩外形完全一样的曲面网格。该功能相当于右键菜单中的"Clone"命令。复制出的曲面网格只包含边界，需要设置角点后再生成内部细节	F10
32	【分割遮罩】工具	Ctrl + F10

专业知识与应用方法——

Micrografx Designer服装款式图设计软件

课程名称： Micrografx Designer服装款式图设计软件

课程内容： 1. 系统概述。

2. 绘图工具介绍。

3. 菜单介绍。

4. 应用实例。

5. Micrografx Designer 软件快捷键

上课时数： 6课时

教学提示： 讲述Micrografx Designer服装款式图设计软件主要功能与用法。本章重点讲述与服装款式图有关的主要工具与菜单功能，并通过实例较详细地讲述利用Micrografx Designer软件创建服装款式图的方法与技巧。

指导学生对第二章复习与作业进行交流和讲评，并布置本章作业。

教学要求： 1. 使学生了解Micrografx Designer软件主要功能与用法。

2. 使学生了解Micrografx Designer软件的主要工具的功能与用法。

3. 使学生了解Micrografx Designer软件的主要菜单的功能与用法。

4. 使学生了解利用Micrografx Designer软件创建服装款式图的方法与技巧。

复习与作业： 1. 简述Micrografx Designer软件的主要功能。

2. 创建男西装款式图。

3. 创建夹克衫款式图。

4. 创建牛仔裤款式图。

第三章　Micrografx Designer服装款式图设计软件

Micrografx Designer是一款基于矢量的图形设计软件，操作方便、灵活。从Micrografx Designer软件的4.0版开始，格柏服装款式设计系统就加入了该软件用于服装款式图设计，并为其新增了针对服装款式设计所需的材质库Artworks Clipart，极大地方便了服装款式图的设计与管理。本节以Micrografx Designer比较经典的版本 7.0为例，较详细地介绍该软件中与服装款式图设计相关的功能及其操作方法。Micrografx Designer的后续版本虽然有所改进，但在服装款式图的绘制方法方面差异不大。读者完全可以在熟悉7.0版本的基础上，通过自学轻松掌握。

第一节　系统概述

Micrografx Designer 7.0界面是标准的Windows风格，包括菜单栏、工具栏、操作区等，图3-1为主界面。常规菜单的功能及操作方法与常用的Windows应用软件基本相同，所以本章重点介绍与服装款式图设计相关的功能。

一、服装材质库

提供材质库及其管理功能是Micrografx Designer软件的特色，该软件的服装材质库是格柏公司针对服装款式图设计而开发的，用户安装完成Micrografx Designer软件后，再安装格柏Artworks Clipart即可。服装材质库中包含各类服装、服装部件、服装标志等的图形集合，方便用户使用与管理。用户可以随意从材质库中拖出需要的服装款式，随意进行调整、修改，组合、搭配等，还可以将新设计的服装款式图拖入服装材质库中进行存储。通过菜单“Tools”——“Clip Art”，或单击常规工具栏中的材质库工具“”按钮，打开材质库窗口。服装材料库位于材料库的“Apparel Clipart”分类中。“Apparel Clipart”类还包括ASTM Care Labels（ASTM服装洗涤维护标志）、Baby Collection（婴儿用品）、Belts（带）、Bodice Back（大身后片）、Bodice Front（大身前片）、Buttons（纽扣）、Collars

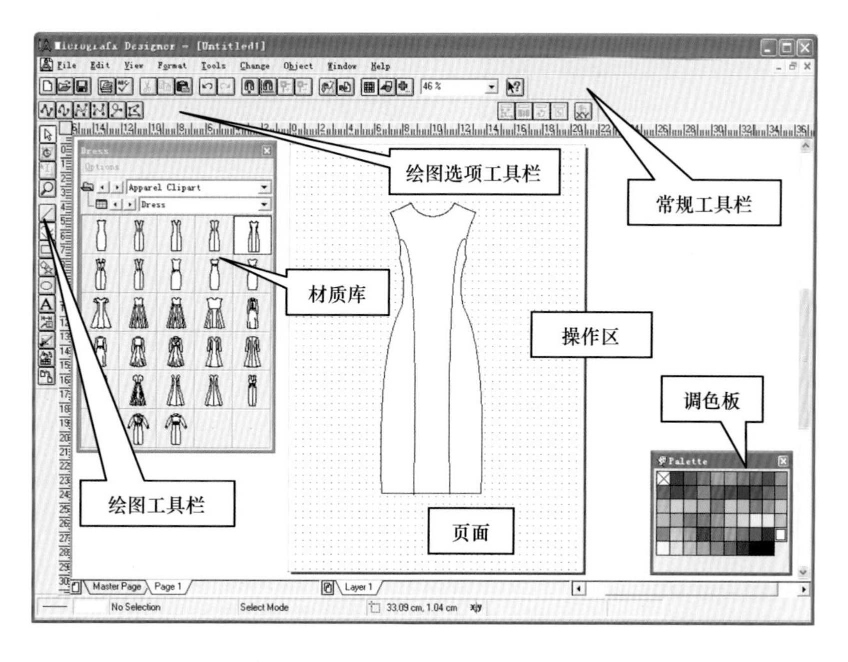

图3-1　Micrografx Designer 7.0主界面

（领子）、Croquis（人体草图）、Cuffs（袖口）、Decorative Items（装饰部件）、Dress（连衣裙）、Embroidery Stitching（刺绣针迹）、Jacket（夹克）、Jump Suit（连衣裤）、Leopard（女内衣）、Pants（长裤）、Pocket（口袋）、Pocket Flap（口袋盖）、Seams Type（缝纫线迹）、Shirts（衬衫）、Shorts（短裤）、Skirts（裙子）、Sleeves（袖子）和Suit（套装）等。图3-2为服装材质库窗口，显示的是服装材质库中的各种领子。

当用户比较熟练掌握该软件后，还可以通过菜单“Option”——“Subject”，打开材

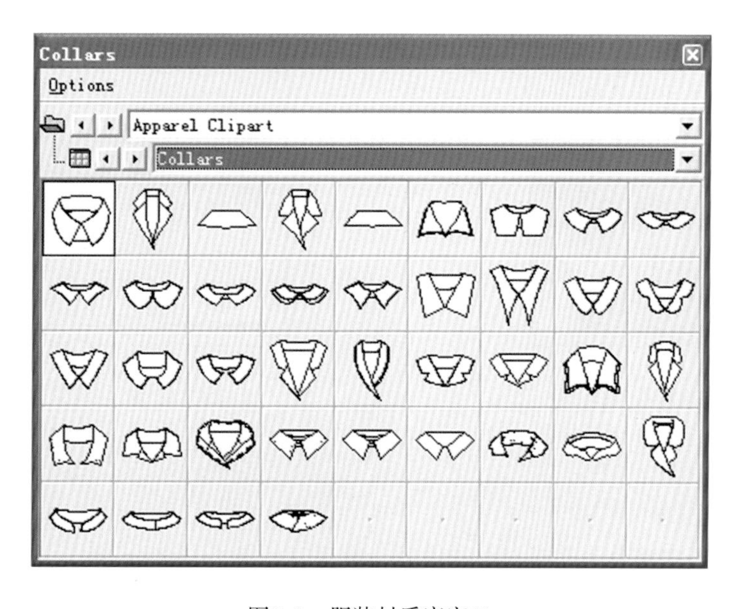

图3-2　服装材质库窗口

图3-3 材质库项目管理窗口

质库项目管理窗口，通过“File”菜单对当前材质库进行扩充，如创建分类、创建子类、删除分类、导入新类等。图3-3为材质库项目管理窗口。

二、调色板

调色板窗口用于设置图形元素颜色。当图形元素处于被选择状态时，在调色板窗口中的颜色块上单击鼠标左键，设置选中的图形元素内部填充的颜色，在调色板窗口中的颜色块上单击鼠标右键，设置选中的图形元素轮廓线的颜色。如果调色板窗口没有显示在屏幕中，用户可以通过快捷键“Ctrl + F”，或单击常规工具栏中的调色板工具“▦”按钮，调出调色板窗口（图3-4）。

图3-4为软件默认的调色板，Micrografx Designer还提供有“Internet Explorer Palette”和“Netscape Palette”调色板。通过菜单“Format”——“Palette Manager”，打开调色板管理窗口进行设置（图3-5）。在该窗口下，还可以自定义调色板、命名调色板、导入导出调色板等。

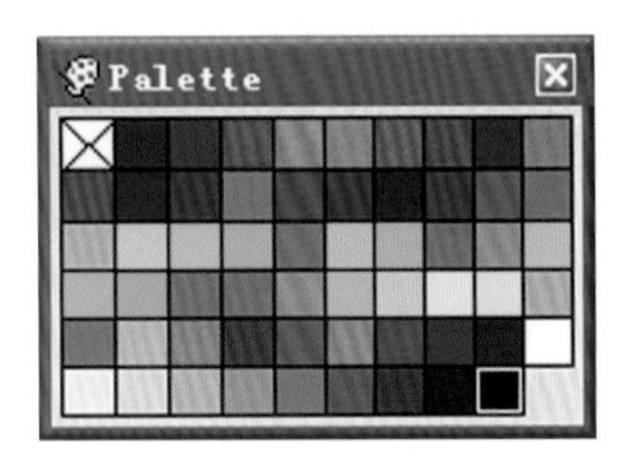

图3-4 调色板窗口

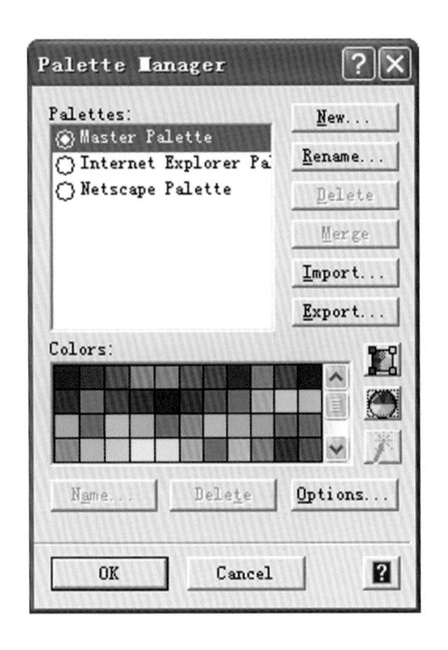

图3-5 调色板管理窗口

三、操作区

操作区是进行图形创建与编辑的工作区，操作区中间为一张绘图纸，即一个页面。在整个操作区都可以进行绘图操作，页面区域用来限定打印输出的范围。通过菜单“File”——

“Page Setup”对页面属性进行设置，如纸张大小、边界、方向等。Micrografx Designer软件支持页和层的概念，可以在操作区下方的页或层的标签处通过右键菜单进行页或层的操作与管理。在设计服装款式图的过程中，对页和层通常没有特别的要求，所以本书就不对页和层做过多介绍了。

第二节　绘图工具介绍

一、绘图工具栏概述

Micrografx Designer 7.0提供了完善的矢量图创建与编辑功能，其绘图工具栏中所包含工具按钮及各工具按钮的子工具或工具子菜单如表3-1所示。

表3-1　绘图工具

绘图工具栏工具按钮		子工具/工具子菜单	
图标	名称	图标	名称
	选择 （Select Tool）	无	
	旋转/变形 （Rotate/Skew Tool）	无	
	编辑 （Edit Tool）	调整点（Reshape Point）	
			加点（Add Point）
			删除点（Remove Point）
			连接线两端点（Join Points）
			点断开（Cut at Point）
			尖角点(Corner)
			曲线点(Symmetrical Curve)
		调整多边形（Reshape Polygon）	
		调整矩形（Reshape Rectangle）	
		调整曲线（Reshape Curve）	
		调整圆（Reshape Conic）	
		编辑文字（Edit Text）	
		调整曲线文字（Reshape Curve Text）	
		调整标注（Reshape Dimension）	
		调整组中的图形（Edit Group）	
		变形（Warp）	
		变为立体（Extrude）	

续表

绘图工具栏工具按钮		子工具/工具子菜单	
图标	名称	图标	名称
	显示比例 (View Tool)		放大
			缩小
			前一比例
			显示整页
			1:1显示
			显示全部图形
			全屏显示
			刷新
	简单线（Simple Line Tool）		线段（Line Segment）
			平行线（Parallel）
			垂直线（Perpendicular）
			四分之一弧（Quarter Arc）
			抛物线（Parabola）
	复合线（Compound Line Tool）		折线（Jointed Line）
			曲线（Curved Line）
			B样条曲线（B-Spline）
			贝塞尔曲线（Bezier Curve）
			自由手绘曲线（Freehand）
			不规则多边形（Irregular Polygon）
	矩形（Rectangle Tool）		对角线（Diagonal）
			正方形（Single Side）
			高度/宽度（平行四边形）（Height/Width）
			设置圆角（Rounded Rectangle）
	多边形（Polygon Tool）		顶点（To Corner）
			边（To Side）
			单边（Single Side）
			点（To Point）
			边（To Side）
			点点单边（Point to Point）
			多角形图案（Megagon）
			曲线式多角形图案（Curvygon）
			边数（Number of Sides）

续表

绘图工具栏工具按钮		子工具/工具子菜单	
图标	名称	图标	名称
	椭圆（Ellipse Tool）		对角线（Diagonal）
			高度/宽度（Height/Width）
			直径圆（Diameter）
			三点圆（3-Point Circle）
			三点弧（3-Point Arc）
			饼图（Pie）
	文字（Text Tool）		文字模式（Text Mode）
			路径文字（Path Text）
			路径（Path Fit）
			形状文字（Shape Text）
			最近使用的字体字型（Font Recall）
	标注（Dimension/Callout Tool）		两点尺寸（Aligned）
			水平尺寸（Horizontal）
			垂直尺寸（Vertical）
			尺寸标注选项（Dimension Option）
			一段线式（One-Segment Callout）
			两段线式（Two-Segment Callout）
			三段线式（Three-Segment Callout）
			标注选项（Callout Option）
			标注调整（Reshape）
	图像（Image Tool）		编辑图像（Edit Image）
			剪裁（Crop）
			移除剪裁（Remove Crop）
			图像效果（Image Effect）
			设置透明色（Drop Color）
			颜色恢复（Restore Color）
			设置黑色图像前景色（Foreground）
			设置黑色图像背景色（Background）
	格式（Format Tool）		内部实色填充（Solid Interior Fill）
			内部渐变色填充（Gradient Interior Fill）
			内部阴影线填充（Hatch Interior Fill）

续表

绘图工具栏工具按钮		子工具/工具子菜单	
图标	名称	图标	名称
	格式 （Format Tool）		内部图像填充（Image Interior Fill）
			内部图形元素填充（Object Interior Fill）
			去除内部填充（Remove Interior Fill）
			最近使用的内部填充（Interior Fill Gallery）
			线端点（Line Ends）
			线形（Line Style）
			线粗细（Line Weight）
			线实色填充（Solid Line Fill）
			线渐变色填充（Gradient Line Fill）
			线阴影线填充（Hatch Line Fill）
			线图像填充（Image Line Fill）
			线图形元素填充（Object Line Fill）
			线透明（Remove Line Fill）
			最近使用的线填充（Line Fill Gallery）
			文字前景色（Text Foreround Color）
			文字背景色（Text Background Color）
	页面管理 （Page Manager Tool）		创建幻灯可执行文件（Create Standalone）
			复制幻灯可执行文件至磁盘其他位置 （Copy to Diskette）
			幻灯播放选项（Option）
			创建幻灯可执行文件选项（Setup）
			播放幻灯（Run Slideshow）
			打印（Print Document）
			页面设置（Page Setup）
			选择全部页（Select All Pages）
			取消页选择（Deselect All Pages）
			幻灯页间转景设置（Transition）

二、常用绘图工具介绍

本节主要介绍与创建服装款式图相关的一些常用工具。

（1）【选择】工具：该工具用于选择操作区中的目标对象，或进行目标对象所处编辑模式的转换。在【选择】工具状态下，利用鼠标左键单击操作区中的对象即可选中该目标对象。被选中的目标对象四周会出现8个蓝色实心的小正方形块（图3-6）。将鼠标移入目标对象中间区域，鼠标光标变为“✣”，按下鼠标左键进行拖动，可以移动目标对象。将鼠标移至目标对象四个角位置的蓝色实心正方形块时，鼠标光标变为“↘”或“↙”，按下鼠标左键拖动可以对目标对象进行放大或缩小。将鼠标移至四边中点位置的蓝色实心正方形块时，鼠标光标变为“↔”或“↕”，按下鼠标左键拖动可以对目标对象的高度或宽度进行调整。此外，按住“Shift”键可选择多个对象，按下鼠标左键拖出一个矩形框后放开，包含在该矩形框中的所有目标对象都会被选中。

在【选择】工具状态下，选中一个或多个目标对象后，还可以通过菜单或组合键进行“复制”（“Ctrl + C”）、“粘贴”（“Ctrl + V”）、“剪切”（“Ctrl + X”）、“删除”（Del）等常规操作。

（2）【旋转/变形】工具：该工具用于对目标对象进行旋转或进行水平、垂直方向的变形处理。当目标对象处于被选中的状态时，点击工具栏中的【旋转/变形】工具按钮，或利用鼠标左键再次单击已被选中的目标对象，目标对象将进入【旋转/变形】工具状态。图3-7为处于【旋转/变形】状态的目标对象，图中的标志“⊕”代表旋转中心，可以利用鼠标拖动来改变旋转中心的位置，可以拖动四角的图标“◤”“◥”“◣”或“◢”进行旋转，也可以拖动四边中点位置的图标“⇹”或“⇳”进行水平或垂直方向的变形。

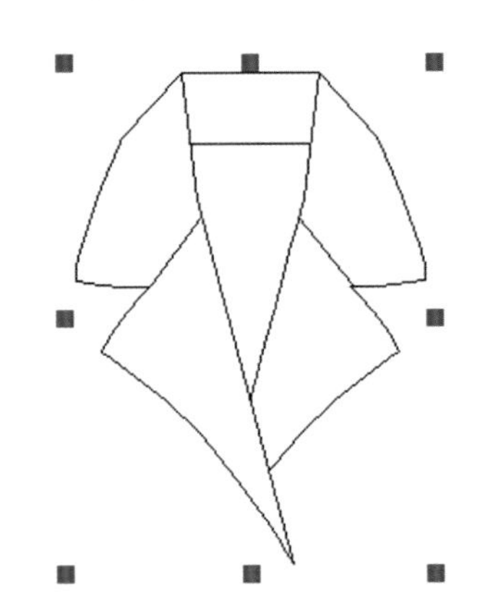

图3-6 目标对象处于选中状态

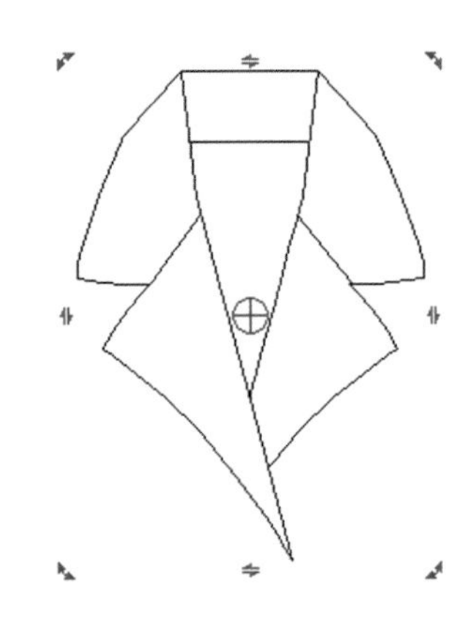

图3-7 目标对象处于【旋转/变形】状态

（3）【编辑】工具：该工具用于修改目标对象的形状。当目标对象处于被选中的状态时，点击工具栏中的【编辑】工具按钮，将弹出工具子菜单，工具子菜单的内容会随被选中的目标对象的类型的不同而不同。“Reshape”形式的子菜单均用于目标对象外轮廓线的调整，如：“Reshape Point”“Reshape Polygon”“Reshape Curve”等。当选中“Reshape Point”子菜单后，选项工具栏出现【加点】、【删除点】、【尖角点】、【曲线点】等工具，同时，目标对象将进入点编辑状态。在点编辑状态下，线上的各点以空心正方形的形式显示出来（图3-8）。通过鼠标拖动各个点的位置直至形状满意，也可点击

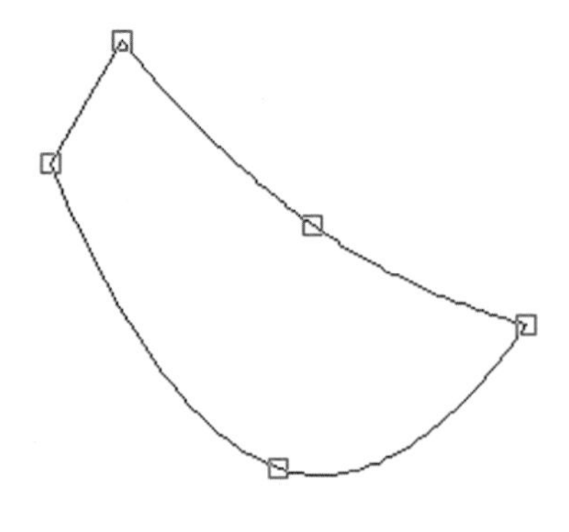

图3-8　目标对象处于【编辑】状态

选项工具栏中的工具，进行加点、删除点、修改点的类型等操作。修改完成后，按【选择】工具退出【编辑】工具状态。除通过工具按钮外，还可以通过在目标对象上双击鼠标左键，实现【选择】和【编辑】两个工具状态的相互切换。本书建议读者在修改目标对象轮廓线时，采用双击鼠标左键的方式，方便快捷，而不必利用【编辑】工具。不同类型的目标对象的修改方法基本相同，就不一一介绍了。

除移动点功能外，【编辑】工具的另一工具子菜单为“Warp（变形）”。当目标对象处于被选中的状态时，点击工具栏中的【编辑】按钮，弹出工具子菜单，选择“Warp”子菜单后，目标对象上出现一个矩形网格，矩形四角位置实心小方块可以通过鼠标移动，从而产生目标对象的变形。图3-9为一图形变形前后的效果图。

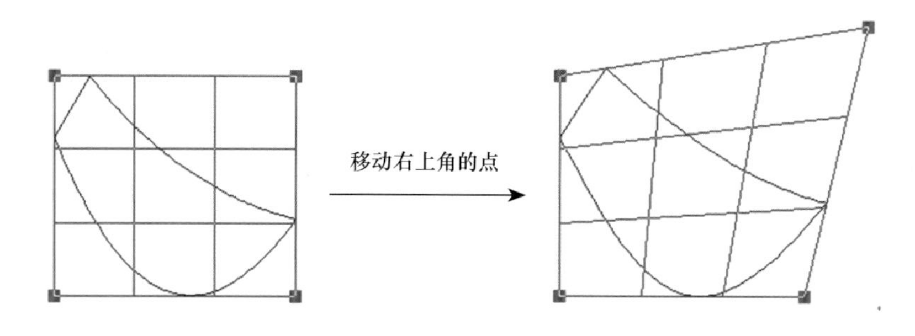

图3-9　目标对象变形前后的效果图

图3-10　【显示比例】工具子工具栏

【编辑】工具的最后一个工具子菜单为“变为立体”（Extrude），该功能在服装款式设计方面基本不用，这里就不作介绍了。

（4）【显示比例】工具：该工具用于在创建或编辑图形对象时，为了方便操作，调整操作区的显示比例或显示状态。点击【显示比例】工具按钮，系统弹出子工具栏，共包含8个子按钮（图3-10）。

【放大】工具用于放大操作区的显示比例，从而可以对很小的目标对象进行编辑。选择该工具后，鼠标光标变为“”。【放大】工具有两种操作方式，第一种方式是：在操作区单击鼠标左键后，操作区的显示比例将扩大1倍，并将鼠标所点击的位置移至操作区中心；第二种方式是：在操作区按住鼠标左键，拖动鼠标绘出一个矩形框，放开鼠标后，软件会自动将矩形框所包含的图像区域放大至整个操作区。

子工具栏中的其他7个工具按钮操作十分简单，只需要点击工具按钮即可执行。其中使用最多的是【缩小】工具、【显示整页】工具和【显示全部图形】工具。每点击一次【缩小】工具，显示比例缩小50%。点击【显示整页】工具后，系统会自动调整显示比例，使页面完整地显示在屏幕中。点击【显示全部图形】后，系统调整显示比例使操作区中的所有图形对象均可以显示在屏幕中，而不仅仅是页面。

（5）【简单线】工具：该工具用于创建两点线及简单的弧线，它包含5个子工具，其中【线段】工具是服装款式图设计中最常用的。绘制线段时，首先点击绘图工具栏中的【简单线】工具，再点击选项工具栏中的【线段】工具按钮，在操作区中按下鼠标左键并拖动画出一条直线段，松开鼠标后，线段绘制完成。线段两端均为中空的正方形（图3-11）。如果需要继续从该线段的任一端点开始继续绘制线条（如直线、折线、曲线等），可将鼠标移至线段端点上，此时在端点右下角出现一个实心的黑色正方形（图3-12），出现黑色正方形表示将要绘的线条会与之前的线段端点相连接，构成连续的一条线。按下鼠标左键并拖动画出一条新线段，松开鼠标后，新线段绘制完成。如果不需要连续绘制了，可以在操作区的空白处单击鼠标左键，线段将变为图3-13形式，处于未选中状态，之后再创建的线条将不会与该线段相连接，且工具仍然保持在【简单线】状态，仍然可以继续创建新的线段。绘制线段时，按下“Shift”键，可以绘制垂直线段、水平线段以及倾斜15°、30°、45°、60°、75°的线段。在设计服装款式图时，多数情况下需要创建闭合的几何图形，因此，确保线条之间的连接是十分重要的。如果在操作区双击鼠标左键，则系统返回【选择】工具状态。【简单线】工具的其他4个子工具很少使用，这里就不介绍了。

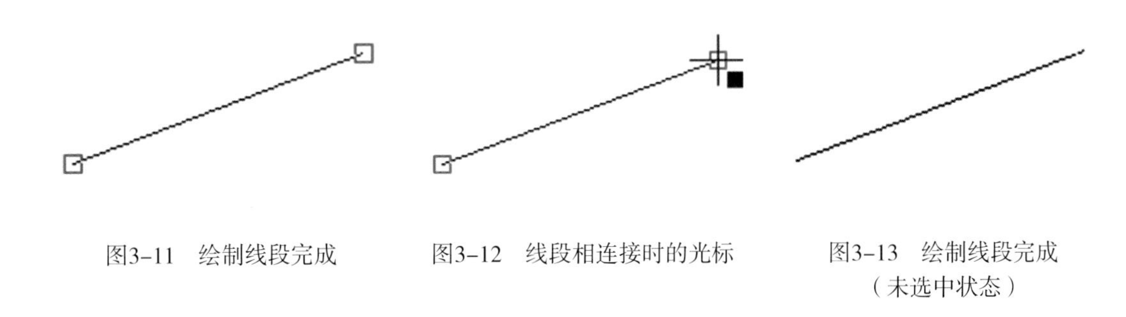

图3-11　绘制线段完成　　图3-12　线段相连接时的光标　　图3-13　绘制线段完成（未选中状态）

（6）【复合线】工具：该工具用于绘制折线、曲线等比较复杂的线条，它是绘制服装款式图最常用的工具。【复合线】工具包括【折线】、【曲线】、【B样条曲线】、【贝塞尔曲线】、【自由手绘曲线】和【不规则多边形】6个子工具，本节重点介绍【折线】、【曲线】和【自由手绘曲线】3个子工具。

【折线】工具用于创建连续的折线，折线的第一段线的绘制方法与【线段】相同，即需要在操作区按住鼠标左键后拖动，然后放开鼠标完成。折线第二段之后的各段线只需在目标位置按下鼠标左键，并可按住后移动以调整该点位置，位置满意后松开鼠标左键，继续下一点，直到最后一点。按下“Shift”键，可以绘制垂直线段、水平线段以及倾斜15°、30°、45°、60°、75°的线段。

【曲线】工具的使用方法与【折线】完全相同，只是绘制出的线条为曲线。

【自由手绘曲线】工具用于创建比较随意的线条，如服装的褶皱。创建【自由手绘曲线】方法是在操作区按住鼠标左键后，按照需要自由移动鼠标，系统会沿鼠标的移动轨迹自动创建出一条连续的线条。

绘制服装款式图时，需要根据服装的款式结构创建多个闭合图形以及辅助线，最后再将它们组合在一起。每一个闭合图形可能需要利用多个工具绘制才能完成，为确保图形完全闭合，每次更换工具绘制时，要与前一线段相连接。【复合线】工具绘制连续线的方法与【简单线】相同，请参见图3-12方法。所有的服装款式图都要用到【复合线】工具，读者需要反复尝试、练习，熟练掌握。

（7）【矩形】工具：该工具用于绘制矩形或正方形，可以用于绘制服装的口袋或其他矩形的部件。【矩形】工具包含【对角线】、【正方形】、【高度/宽度】和【设置圆角】4个子工具，其中以【对角线】工具最常用。

选择【矩形】工具后，在子工具栏选择【对角线】工具，在操作区按下鼠标左键并拖动创建矩形，释放鼠标完成绘制。如果绘制之前按下“Shift”键，可以绘制正方形。【正方形】工具通过绘制正方形的一条边来创建各种角度的正方形。【高度/宽度】工具通过绘制矩形的两条边来创建各种角度的矩形或平行四边形。【设置圆角】工具用于设置矩形是否具有圆角，以及圆角的大小。

（8）【多边形】工具：该工具用于创建规则的多边形、多角形及多边形图案，系统默认边数为5，边数可以在子工具栏处修改。【多边形】工具包含6个子工具，他们的操作方法基本一致。只需要选择工具后，设置需要的边数，在操作区按住鼠标左键并拖动鼠标，放开鼠标后绘制完成。

（9）【椭圆】工具：该工具用于绘制椭圆或圆，可以用来创建服装的纽扣或其他圆形的部件。【椭圆】工具包含6个子工具，以【对角线】工具最常用。选择【椭圆】工具后，在子工具栏中选择【对角线】工具，在操作区按下鼠标左键并拖动创建椭圆，释放鼠标完成绘制。如是绘制之前按下“Shift”键可以绘制圆形。【直径圆】工具通过绘制圆形的直径来创建圆形。【高度/宽度】工具通过绘制椭圆的两条边来创建各种角度的椭圆形。其他3个子工具则不太常用。

（10）【文字】工具：该工具用于在款式图中创建文字。在【文字】工具的多个子工具中，只有【文字模式】工具最为常用。该工具的操作方法有两种。

① 选择【文字】及【文字模式】子工具后，在操作区需要输入文字的位置单击鼠标左键，此时会在操作区相应位置出现文字输入的闪烁光标“|”，在子工具栏选择好字体和字号后键入文字，在光标处直接输入文字即可。

② 选择【文字】及【文字模式】子工具后，在操作区需要输入文字的位置按下鼠标

左键并移动，拖出一个矩形区后松开鼠标，此时在矩形左上角出现文字输入的闪烁光标“|”，在子工具栏选择好字体和字号后输入文字即可。此时所输入的文字会限制在矩形区域中。

文字的属性的修改方法与图形的编辑方法相同，在【选择】工具状态下双击文字，进入编辑状态，对文字内容、字体、字号、位置等进行修改。

（11）【标注】工具：该工具用于在图中添加尺寸标注和文字标注。由于尺寸标注所产生的尺寸是图中实际尺寸，所以服装款式图设计中不需要使用该工具。文字标注可以用于对服装款式图中添加一些必要的说明，如面料、结构说明等。文字标注有三种形式，即【一段线式】、【两段线式】和【三段线式】，三者的操作方法相同。首先选择【标注】工具，再选择文字标注子工具，在操作区按下鼠标左键并移动，显示出标注的形态，放开鼠标后，在文字输入框中输入文字即可。

（12）【图像】工具：该工具用于调整已输入的图像。如果操作区中没有图像，则该工具的子工具会处于无效状态。如果需要在服装款式图上添加一块图像面料，可以通过菜单“File”——“Import”，或点击常规工具栏中的【导入】工具，导入面料图像。图像导入后，就可以利用子工具栏中的【剪裁】工具和【移除剪裁】工具进行调整。对于图像处理工作建议使用图像处理软件来完成，如：Photoshop。

（13）【格式】工具：该工具用于设置图形的各种属性，如边界线和内部填充的颜色、类型等。当目标对象被选中后，点击【格式】工具，然后在子工具栏中选择需要设置的子工具。当选择【内部实色填充】、【线实色填充】或【线型】时，系统会在子工具的下方弹出选择列表框，用鼠标点击所需要的选项即可。目标对象内部或边线颜色的设置建议通过调色板进行会更为方便。在子工具栏选择其他工具时，系统会弹出格式设置对话窗口（图3-14），设置后可以按【Preview】按钮进行预览。设置完成后，按【Apply】按钮确定设置。最后按【Close】按钮关闭“格式设置窗口”。在【格式】工具的所有子工具中，【最近使用的内部填充】工具和【最近使用的线填充】工具比较实用，通过这两种子工具，可以方便选择使用过的格式设置参数。除了通过【格式】工具外，还可以在选中目标对象后，单击鼠标右键，在右键菜单中选择“Format”，系统同样会弹出格式设置对话窗口。

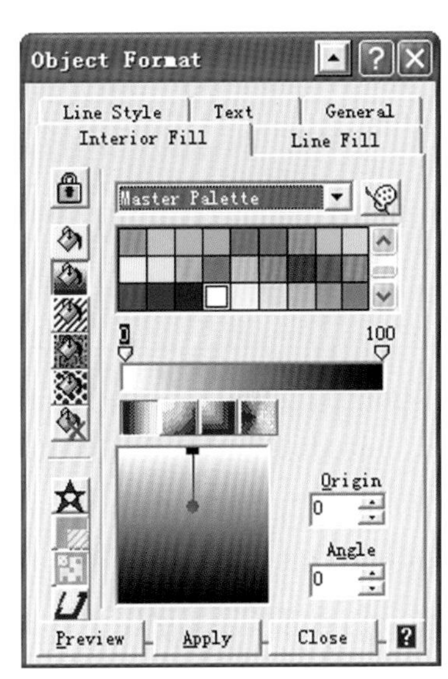

图3-14 格式设置对话窗口

（14）【页面管理】工具：在服装款式图设计方面很少使用，本书就不做介绍了。

第三节 菜单介绍

除工具栏外，Micrografx Designer还提供了比较丰富的菜单功能，本节将介绍一些在服装款式图设计中常用的菜单。

一、右键菜单

在选中目标对象后，单击鼠标右键，右键菜单中包括一切常用功能，如剪切、复制、粘贴、删除等，同时也包含一些特殊功能，如编辑、变形、格式、顺序、结合等，其中顺序（Order）、结合（Combine）两个功能菜单最为常用。两功能菜单的子菜单及功能介绍见表3-2。

表3-2 顺序、结合两功能菜单的子菜单及功能

右键菜单	子菜单	功能
顺序（Order）	移至顶层（Bring to Front）	将选中的目标对象移动至最顶层
	移至底层（Send to Back）	将选中的目标对象移动至最底层
	向上移一层（Bring Forward）	将选中的目标对象向上移动一层
	向下移一层（Send Backward）	将选中的目标对象向下移动一层
结合（Combine）	成组（Group）	将选中的目标对象设置成一组
	解组（Ungroup）	将选中的目标对象的组合解除

利用Micrografx Designer设计服装款式图通常是将服装款式图分解为多个图形元素，有的元素为面，有的元素为线。通常上层的图形元素会覆盖位于其下层的图形元素。图3-15为一服装口袋，它是由图3-16中的6个图形元素构成的。在Micrografx Designer操作区中，最先创建的图形元素位于最底层，最新创建的图形元素位于最顶层。在构成图3-13的口袋时，元素1位于最底层，向上依次分别为元素2、元素3。元素4、5、6三者为线条，它们之间可以不必考虑层间次序，只要这三者均位于元素1、2、3之上即可。在创建口袋时，如果创建各元素的顺序不合理，就可以利用右键菜单中的“顺序”功能进行调整。

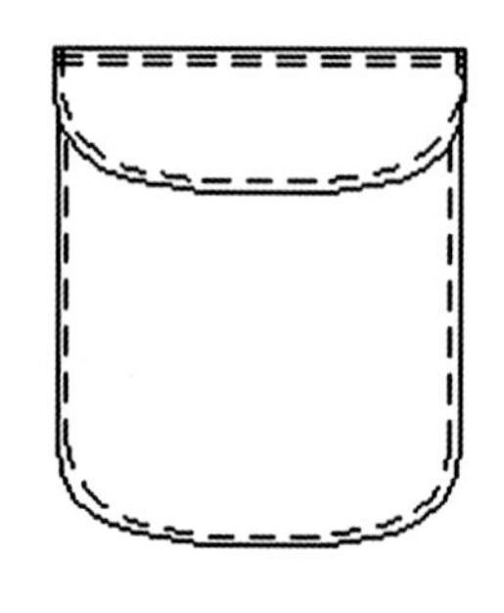

图3-15 服装口袋

当服装某一部件的所有图形元素均完成后，就可以通过“成组”功能，将这些元素组合为一个整体。多个图形元素成组后，可以被同时选中，同步进行移动、大小的改变、旋转等，操作会十分方便。在图3-16中，可以选中这6个元素，然后通过右键菜单进行组合。除组合为一组外，也可以首先将元素1和元素2组合（口袋主体），再将元素3、4、5、6组合（口袋盖），最后将这两个组再进

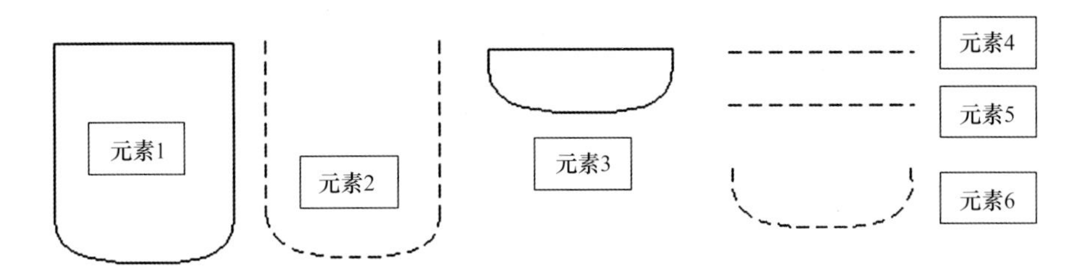

图3-16　服装口袋的构成元素

行一次组合。如何进行组合，可以根据个人习惯及款式图的特点来定。

二、Change菜单

在Micrografx Designer系统菜单的Change菜单中，Combine（结合）、Transform（转换）、Align（对齐）、Order（顺序）4个菜单最为常用。这4个菜单的子菜单及其功能见表3-3。

表3-3　结合、转换、对齐、顺序菜单的子菜单及其功能

系统菜单	子菜单	功能
Combine（结合）	Group（成组）	将选中的目标对象设置成一组
	Ungroup（解组）	将选中的目标对象组解除
	Connect Closed（闭合连接）	将选中的目标对象构成闭合面
	Connect Open（开放连接）	将选中的目标对象构成闭合线条
Transform（转换）	Move（移动）	定量移动选中的目标对象
	Scale（大小）	定量改变选中的目标对象的大小
	Flip（翻转）	翻转选中的目标对象
	Rotate（旋转）	定量旋转选中的目标对象
	Skew（剪切变形）	定量剪切变形选中的目标对象
Align（对齐）	Align Left（左对齐）	将选中的目标对象左对齐
	Align Center（垂直居中对齐）	将选中的目标对象垂直居中对齐
	Align Right（右对齐）	将选中的目标对象靠右对齐
	Align Top（顶对齐）	将选中的目标对象靠左对齐
	Align Middle（水平居中对齐）	将选中的目标对象水平居中对齐
	Align Bottom（底对齐）	将选中的目标对象靠底对齐
	Distribute Horizontally（水平均匀排列）	将选中的目标对象沿水平方向均匀排列
	Distribute Vertically（垂直均匀排列）	将选中的目标对象沿垂直方向均匀排列
Order（顺序）	同右键菜单	

Change菜单中与右键菜单功能相同的子菜单就不再介绍了，下面只介绍一些新的功能。

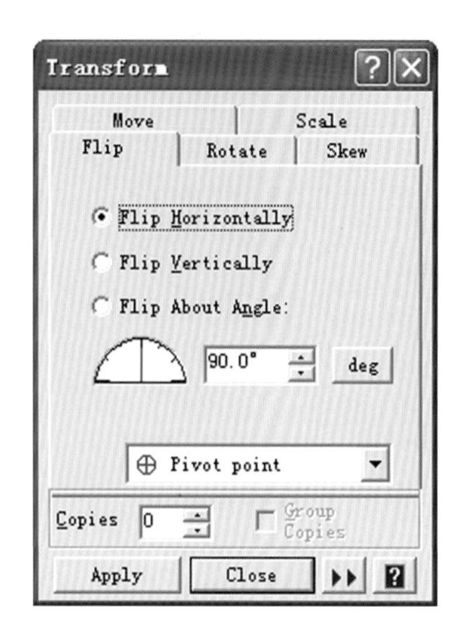

图3-17 转换功能对话窗

（1）闭合连接：该功能用于将多条线（线段、折线、曲线等）转换成一个闭合的多边形面。在创建对称图形时会用到此功能。

（2）开放连接：该功能用于将多条线（线段、折线、曲线等）转换成一个闭合的多边形轮廓线。与“闭合连接”功能不同，该功能产生的闭合多边形区域是透明的。

（3）翻转：该功能用于沿水平、垂直或任意角度的直线翻转选中的目标对象。选中目标对象并选择翻转功能后，系统弹出转换（Transform）功能对话窗，将翻转页设为当前页（图3-17）。在对话窗中，可以设置翻转的方向，如：Flip Horizontally（水平翻转）、Flip Vertically（垂直翻转）或Flip About Angle（沿某一角度的直线翻转）。设置完成后按【Apply】键应用，最后按【Close】键关闭翻转对话窗。“Transform”菜单中的其他功能的操作方法与翻转相同，这些功能也可以直接通过鼠标进行操作，但利用“Transform”菜单，在对话窗中可以进行定量的变化。

（4）左对齐：该功能将所有被选中的目标对象的沿垂直方向左边缘对齐。首先选中所有需要对齐排列的目标对象，然后通过菜单“Change”——“Align”——“Align Left”即可。其他5种对齐方式同理。

（5）水平均匀排列：该功能将所有被选中的目标对象，沿水平方向以相同的间距进行排列。首先选中所有需要均匀排列的目标对象，然后通过菜单“Change”——“Align”——“Distribute Horizontally”即可。垂直均匀排列同理。对齐和均匀排列功能可用于服装纽扣的位置调整。

第四节 应用实例

本节将通过6个实例，循序渐进地介绍Micrografx Designer绘制服装部件或款式图的基本方法与技巧。

一、口袋绘制

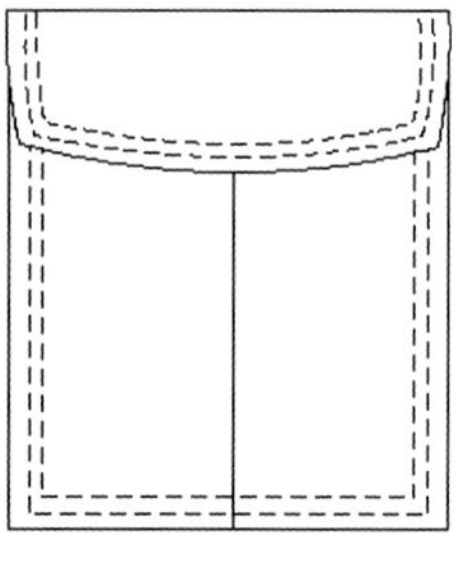

口袋是大多数上衣必备的部件，其款式图的绘制非常简单，图3-18为一款上衣的口袋，具体绘制方法如下。

图3-18 上衣口袋

1. 创建口袋主体

选择【矩形】工具，并在子工具栏中选择【对角线】工具，在操作区中按下鼠标左键并拖动，创建一个矩形（图3-19）。在创建矩形时，不必考虑矩形的大小，因为Micrografx Designer软件是基于矢量的，可以随时任意调整。因此，为了方便操作，可以创建大一些。

图3-19　创建矩形

从【复合线】工具的子工具栏中选择【折线】工具，在已创建的矩形上绘制两条并列折线（图3-20）。选中创建的这两条折线，在【格式】工具的子工具栏中选择【线形】工具，并在其下拉的线形列表框中选择虚线，将两条折线变为虚线样式（图3-21）。选择【简单线】工具，并在子工具栏中选择【线段】工具，在创建的矩形上绘制一条竖线（图3-22）。

图3-20　创建两条折线

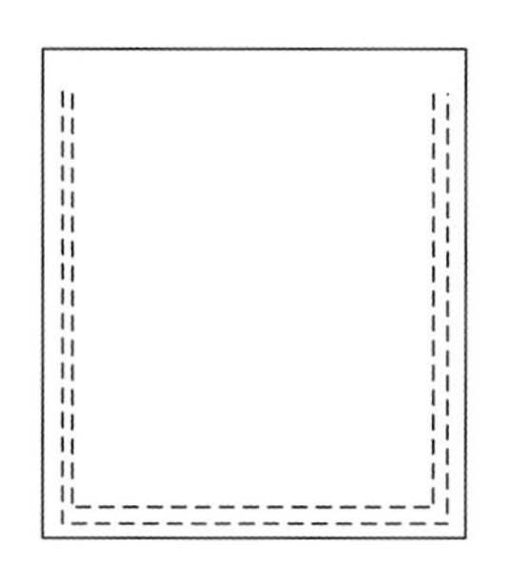

图3-21　变换两条虚线

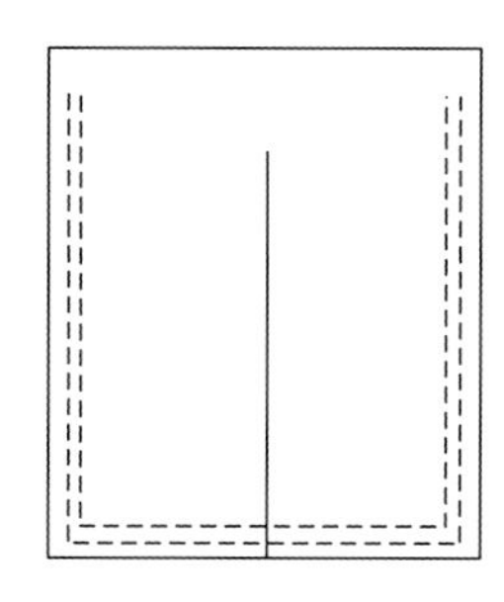

图3-22　画垂线

在【选择】工具状态下，框选矩形、两条虚线及垂线，通过右键菜单将这4个目标图形成组。

2. **创建口袋盖**

选择【复合线】工具，在其子工具栏中选择【折线】工具，在操作区按下鼠标左键并拖动画出一条水平直线如图3-23所示，该直线两端为空心的小正方形。在子工具栏中选择【曲线】工具后，将鼠标光标移至直线的右端点处（此时光标变为图3-24所示形式，提示后面的线与这条水平线在此端点处相连），按下鼠标左键并拖动，画出一小段向下的直线后，放开鼠标左键（图3-25）。向下移动鼠标至适当位置，按下鼠标左键并移动，直至位置满意后放开鼠标（图3-26）。在操作区空白处单击鼠标左键，图3-26变为图3-27形式。按图3-24的光标方式，继续画袋盖下沿曲线及袋盖左侧曲线（图3-28）。注意袋盖左侧曲线的最后一点与水平直线的左端点必须相连接，使口袋盖成为一个闭合的面，连接方法同

图3-23　水平直线

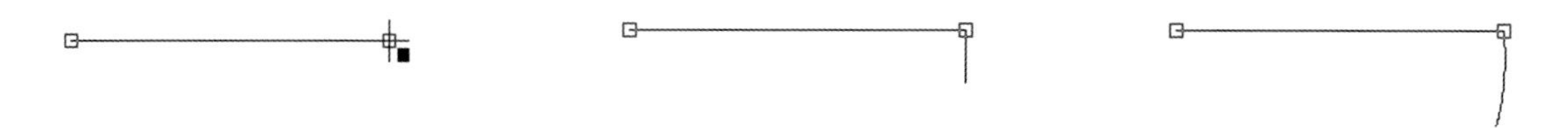

图3-24　线的连接光标　　图3-25　袋盖右边直线　　图3-26　袋盖右边曲线

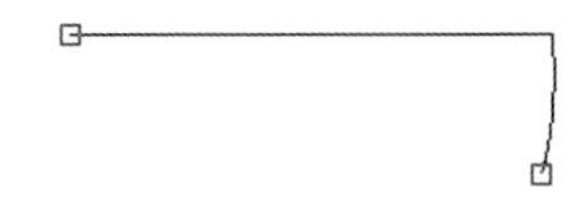

图3-27 绘制袋盖右边曲线后，操作区空白处，单击鼠标左键

图3-24。

如果对袋盖形状不满意，可以双击袋盖，进入编辑工具状态进行调整。调整满意后在空白处双击退出编辑状态。

选择【复合线】工具，并在子工具栏中选择【曲线】工具，在已创建的袋盖上绘制两条线曲线（图3-29）。选择创建的两曲线，选择【格式】工具，并在子工具栏中选择【线形】工具，在下拉的线形列表框中选择虚线，将两条曲线变为虚线（图3-30）。在【选择】工具状态下，框选袋盖及两条虚线，通过右键菜单将这3个目标图形成组。

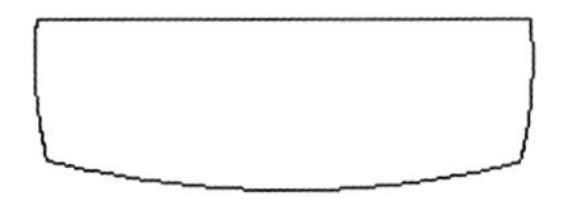

图3-28 完成袋盖

图3-29 袋盖上创建两条曲线

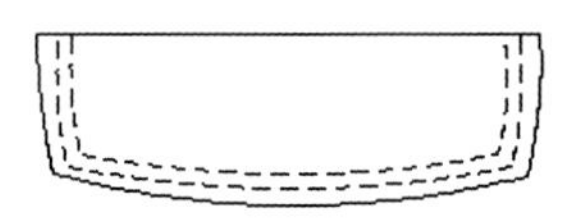

图3-30 完成袋盖

3. 完成口袋

在【选择】工具状态下，将袋盖移至口袋矩形上，并调整两图形的大小，使两者比例合适。最后框选袋盖及口袋主体，通过右键菜单将袋盖和口袋主体成组，完成图3-18所示的口袋。口袋创建完成后，可以将其保存或拖入材质库的口袋库中，供以后调用。

二、领子绘制

通过口袋的创建过程，读者对使用Micrografx Designer绘制服装款式图基本方法已有了一定的了解，下面通过领子的绘制再介绍几个功能的使用。领子式样如图3-31所示，领子的绘制方法如下。

1. 绘制左领片

选择【复合线】工具，并在子工具栏中选择【折线】工具，在操作区按下鼠标左键并拖动，画出一条短斜线，在操作区的空白处单击鼠标左键，创建的短斜线如图3-32所示，直线两端为空心的小正方形。在子工具栏中选择【曲线】工具，将鼠标光标移至短斜线的右端点处，此时光标变为图3-32形式，提示后面的线与这条斜线在端点处相连。从该点开始创建一条向右下方向的曲线，该曲线创建完成后，在操作区空白处单击鼠标左键（图3-33）。将鼠标光标移至曲线下端点处，此时光标提示后面的线与该曲线在端点处相连。从该点开始创建另一条向下的曲线，该曲线创建完成后，在操作区空白处单击鼠标左键（图3-34）。同理创建最后一条曲线，根据光标提示，确保

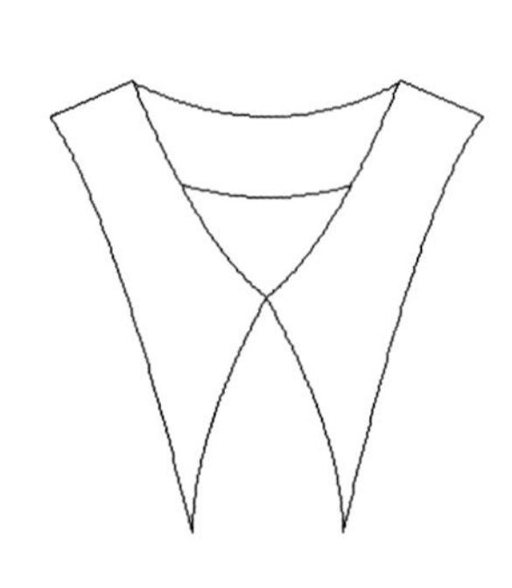

图3-31 领子

曲线的两个端点与已完成的复合线的两端点相连接，从而构成一个闭合的面。完成后在操作区空白处双击鼠标左键，完成领子左片（图3-35）。如果对领子的形状不满意，可以利用鼠标双击领子进入【编辑】状态，对领片的形状进行调整。调整满意后，在操作区的空白处双击鼠标退出【编辑】状态。

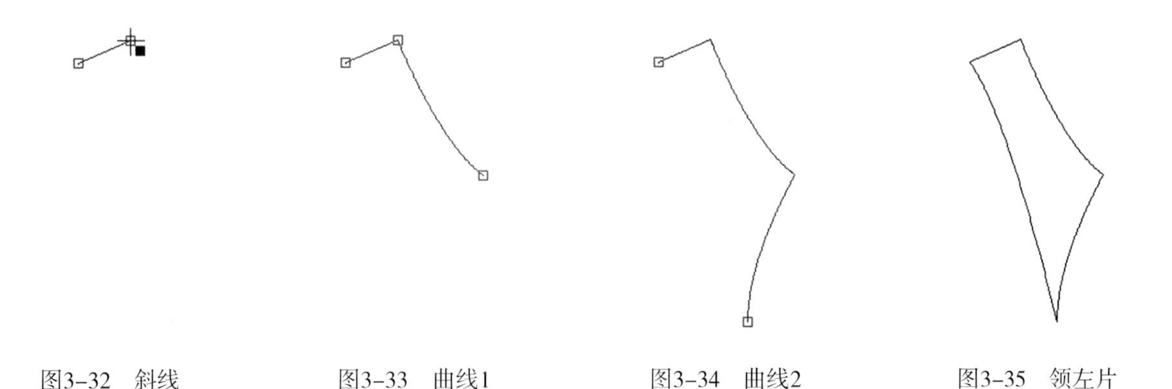

图3-32　斜线　　图3-33　曲线1　　图3-34　曲线2　　图3-35　领左片

2. **绘制右领片**

选中已完成的左领片，按下“Ctrl”键，在左领片处按住鼠标左键，此时光标变为“⊞”形式，拖动鼠标后放开，在鼠标放开处复制出一个左领片。此外，也可以通过“复制”和“粘贴”的方法复制出一个左领片。选中复制产生的左领片，选择菜单“Change”——“Transform”——“Flip”，系统弹出翻转对话窗（图3-36）。选择“Flip Horizontally”（水平翻转），Copies文本框中的数值为“0”，按【Apply】键应用后，再按【Close】关闭翻转对话窗。此时，复制产生的领子左片转变为右领片形式（图3-37）。移动领子的左右片，使两个领片如图3-38所示对齐。

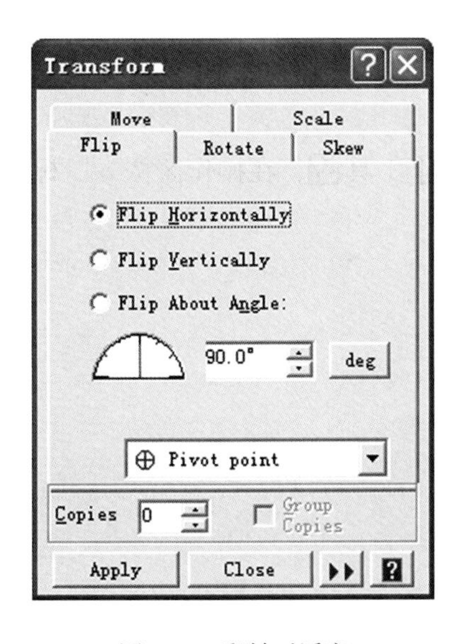

图3-36　翻转对话窗

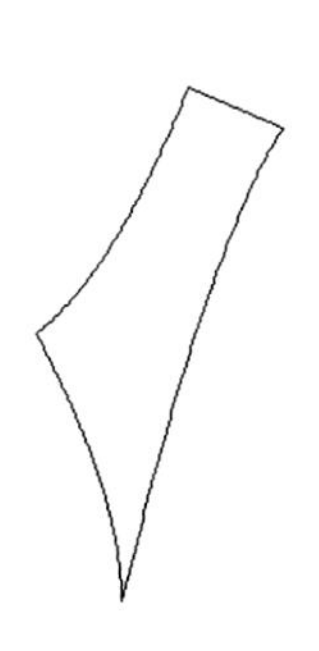

图3-37　右领片

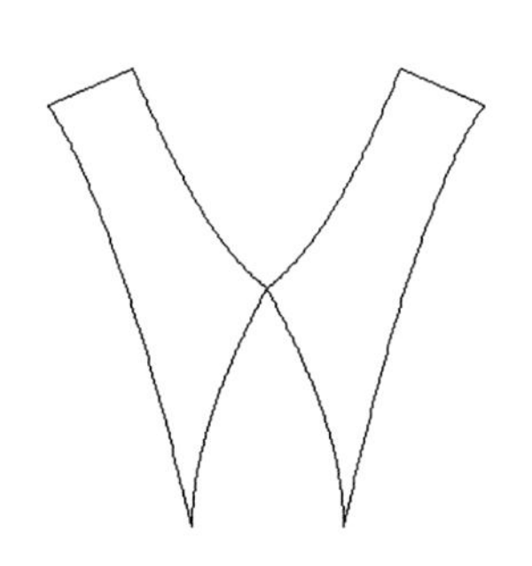

图3-38　左、右领片对齐

3. 完成领子

按照创建闭合的面的方法，利用【复合线】工具及其子工具，在领子左右片的适当位置创建一个多边形（图3-39），选中该多边形，利用右键菜单“Order”——“Send to Back”，将该多边形移至底层（图3-40）。利用【复合线】工具创建后领底曲线（图3-41）。框选图3-41中的领子，利用右键菜单将构成领子的所有图形元素成组。至此，领子创建完成。最后，将领子保存，或将其拖入材质库的领子库中，供以后调用。

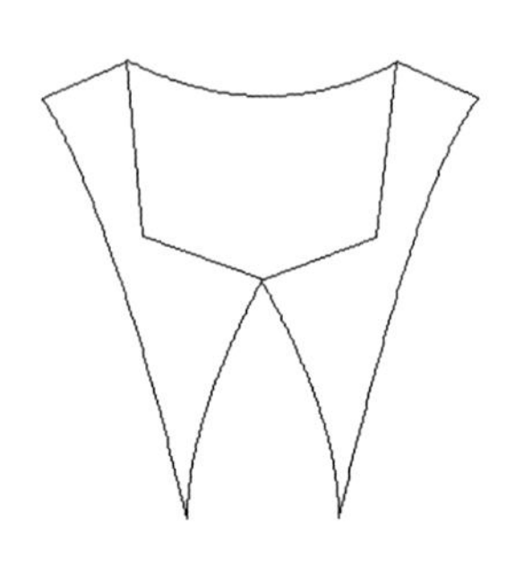

图3-39 创建多边形

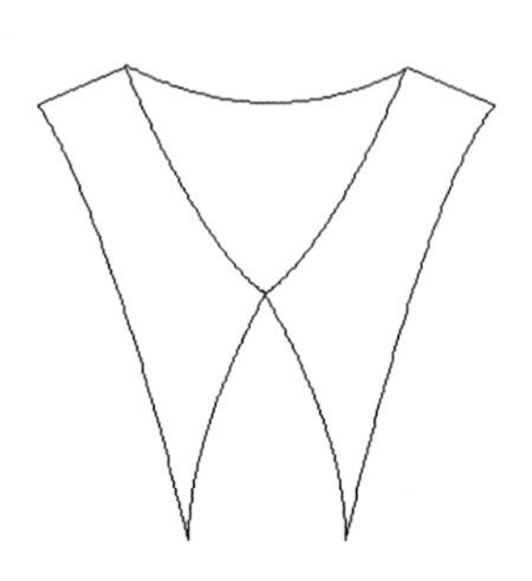

图3-40 多边形移至底层

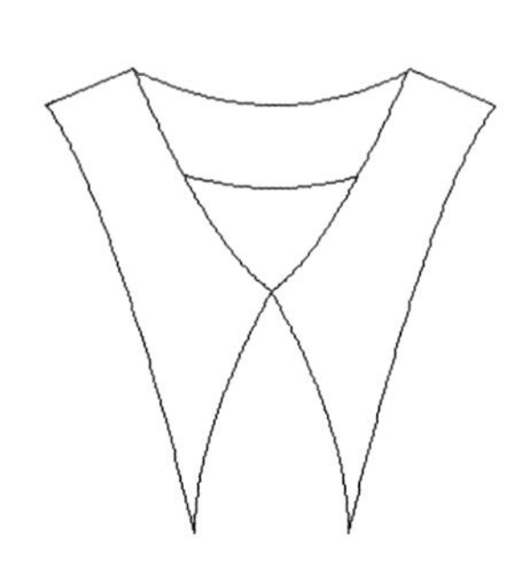

图3-41 绘制后领底曲线

三、连衣裙绘制

通过口袋和领子两个实例，读者应该已经基本掌握了Micrografx Designer创建图形的方法。从连衣裙开始，将对款式图的绘制过程采用较为简捷的方法进行介绍。图3-42为连衣裙款式图。

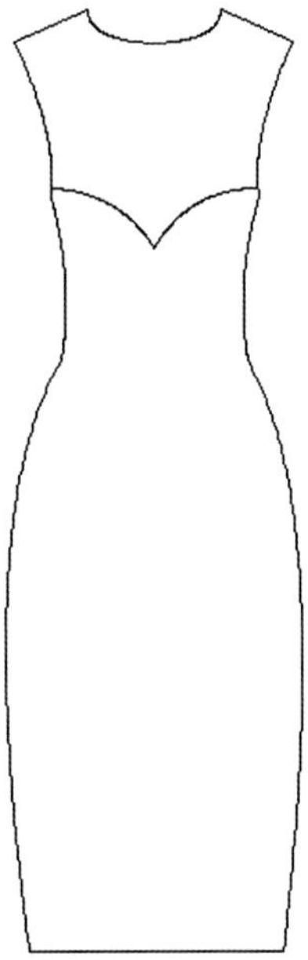

图3-42 连衣裙款式图

1. 创建对称样片

利用【复合线】工具在操作区创建一条连衣裙的左半轮廓线（图3-43）。通过复制、粘贴或按住“Ctrl”键并利用鼠标拖动的方式，再复制出一个连衣裙的左半轮廓线，通过菜单“Change”——“Transform”——“Flip”将复制出的连衣裙左半轮廓线翻转为右半轮廓线（图3-44），将连衣裙左、右轮廓线移到一起，使左右轮廓线的上下两点对齐（图3-45）。选中左右轮廓线，并通过菜单“Change”——“Combine”——“Connect Closed”或“F11”键将连衣裙左、右轮廓线合并为一个闭合的面。

2. 创建辅助线并完成

利用【复合线】工具在连衣裙胸前位置创建一条“V”形线。最后成组，完成图3-42中的连衣裙款式图。

四、裤子绘制

图3-46为裤子的款式图。因为裤子左右对称，所以仍然可以从

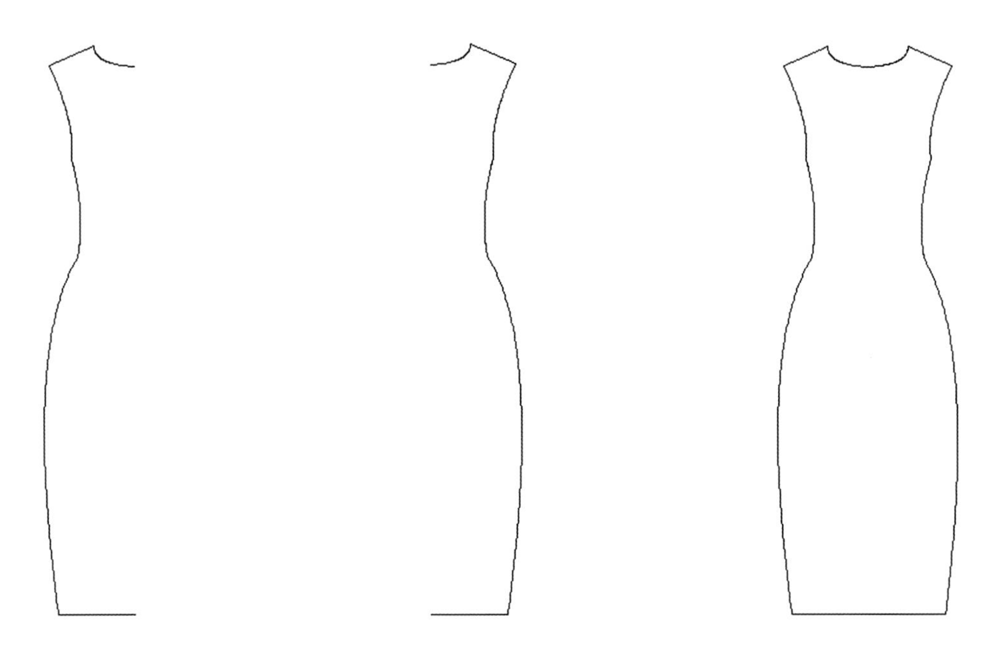

图3-43　连衣裙左半轮廓线　　图3-44　连衣裙右半轮廓线　　图3-45　左右轮廓线对齐

一侧的创建开始，然后通过复制、翻转完成。

1. 创建左右裤腿

利用【复合线】工具在操作区创建裤子的左裤腿，要求为一闭合面（图3-47）。通过复制、粘贴或按住“Ctrl”键并利用鼠标拖动的方式，复制出一个左裤腿，并通过菜单“Change”——“Transform”——“Flip”将复制出的左裤腿翻转为右裤腿。将左、右裤腿图形上下对齐移到一起合并（图3-48）。

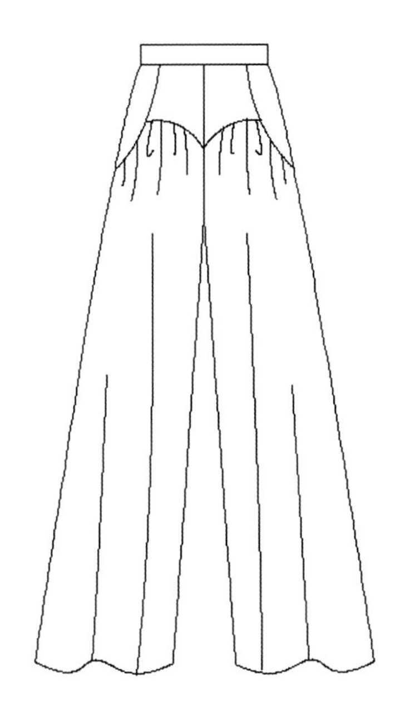

图3-46　裤子款式图

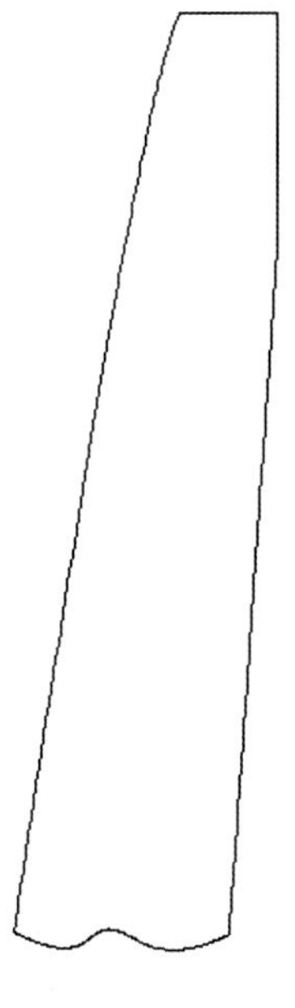

图3-47　裤子的左裤腿

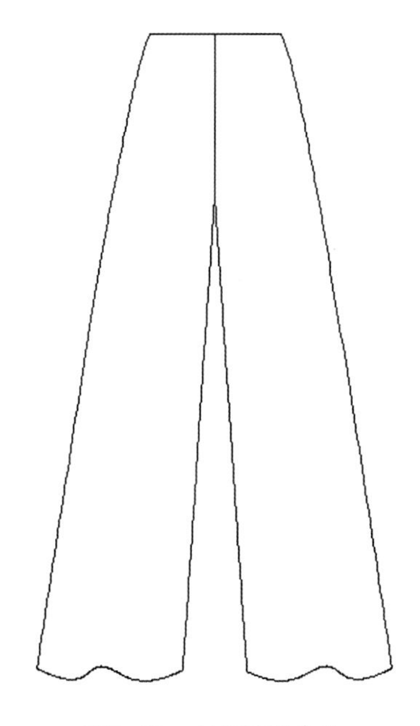

图3-48　左右裤腿合并

2. 绘制风格线

利用【复合线】工具在左裤腿上创建两条曲线（图3–49）。利用【复合线】工具的【自由手绘曲线】子工具，在左裤腿上绘制褶皱线（图3–50），通过复制、翻转、移动将所创建的左侧线条复制到右侧裤腿（图3–51），利用【复合线】工具分别在左右裤腿上各绘制两条曲线（图3–52）。

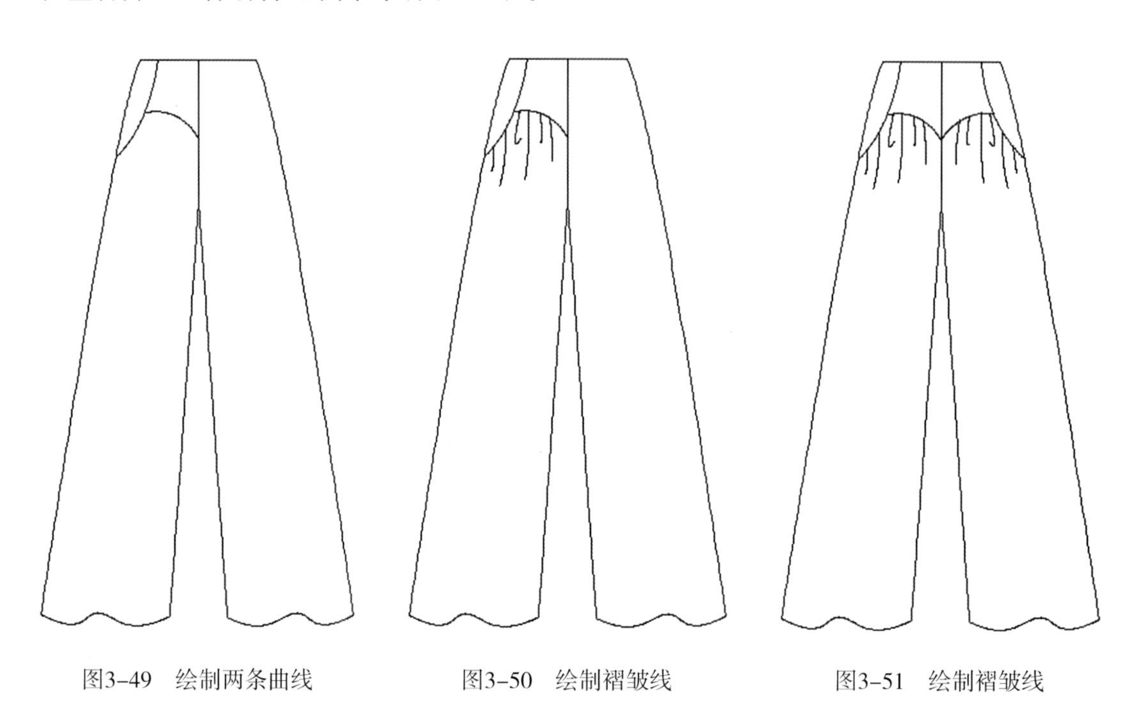

图3–49 绘制两条曲线　　图3–50 绘制褶皱线　　图3–51 绘制褶皱线

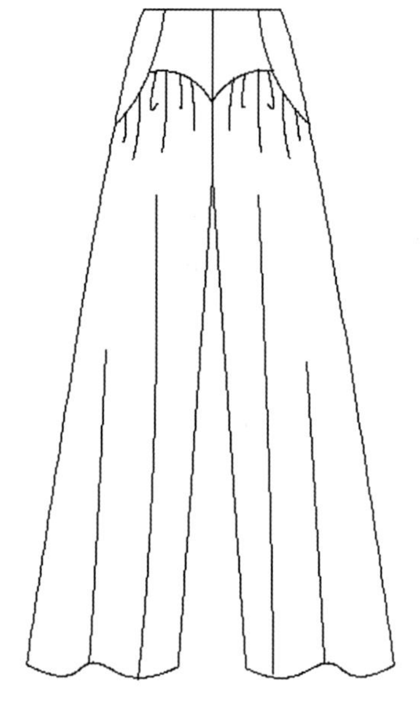

图3–52 绘制裤腿褶皱线

3. 绘制裤腰

利用【矩形】工具的【对角线】子工具，在裤子上方创建一个矩形作为裤腰。最后将所有图形元素成组，完成图3–46所示的裤子款式图。

五、婴儿背带裤绘制

婴儿背带裤款式图如图3–53所示，裤子也是左右对称，所以仍然从一侧的创建开始，然后通过复制、翻转完成。

1. 创建左侧轮廓

利用【复合线】工具在操作区创建婴儿裤的左半侧外形，要求为一闭合面（图3–54）。放大显示腰部位置，利用【复合线】工具创建一个闭合图形，并通过右键菜单“Format”打开格式设置对话窗，选择内部填充（Interior Fill）页，将图形的内部填充格式设置为垂线阴影（图

3–55），利用【复合线】工具在婴儿裤左半侧的肩、腰及胸的位置绘制多条虚线及一水平直线（图3–56）。

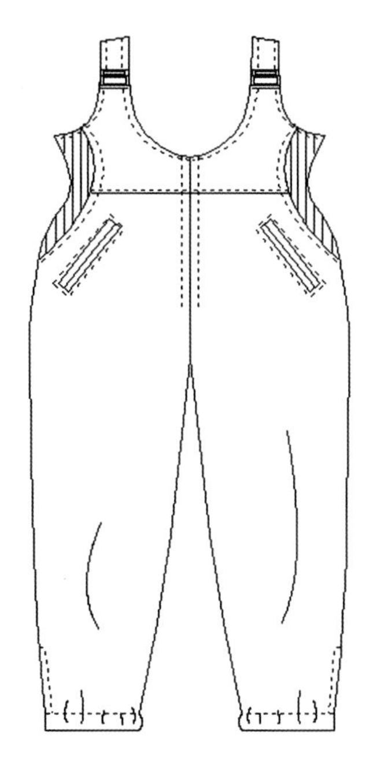

图3–53 婴儿裤款式图

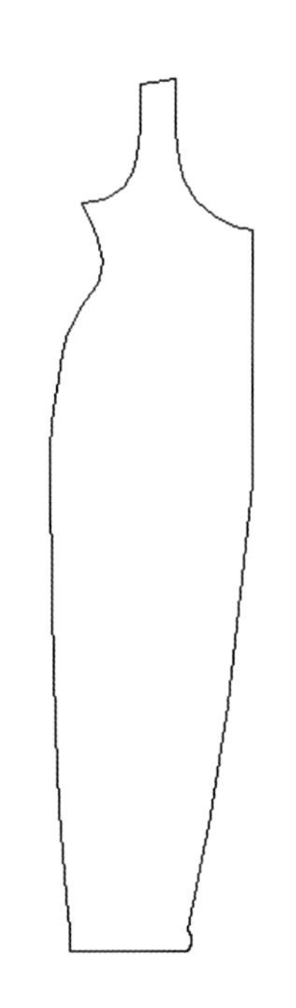

图3–54 婴儿裤左侧轮廓线

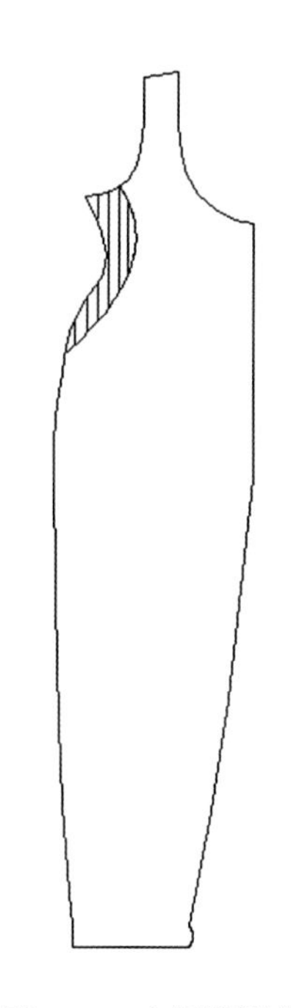

图3–55 左侧阴影线

2. 创建左侧口袋

利用【矩形】工具的【对角线】子工具，在操作区空白处创建一个长矩形，并将其边线设置为虚线。在长矩形内部再创建一实线矩形，利用【简单线】工具在矩形中间位置创建一条水平实线（图3–57），完成后将这三个图形成组，构成婴儿裤的口袋。将口袋移至裤子上，并放缩、旋转，如图3–58所示。

3. 创建左侧肩带扣

利用【矩形】工具的【对角线】子工具，在操作区空白处创建4个矩形并成组，构成婴儿裤的肩带扣（图3–59），将肩带扣移至裤子肩带上，放缩大小后，如图3–60所示。

4. 绘制裤口褶皱线

利用【复合线】工具在左裤腿上创建两个虚线曲线（图3–61），利用【复合线】工具的【自由手绘曲线】子工具，在左裤腿上绘制裤口褶皱线（图3–62）。将所有图形元素成组。

5. 完成婴儿裤

将已完成的婴儿裤左半部分再复制出一个，并将其水平翻转成为右

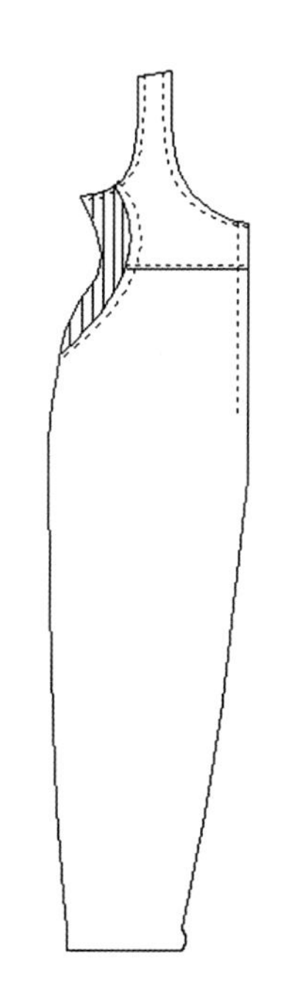

图3–56 绘制左侧多条曲线

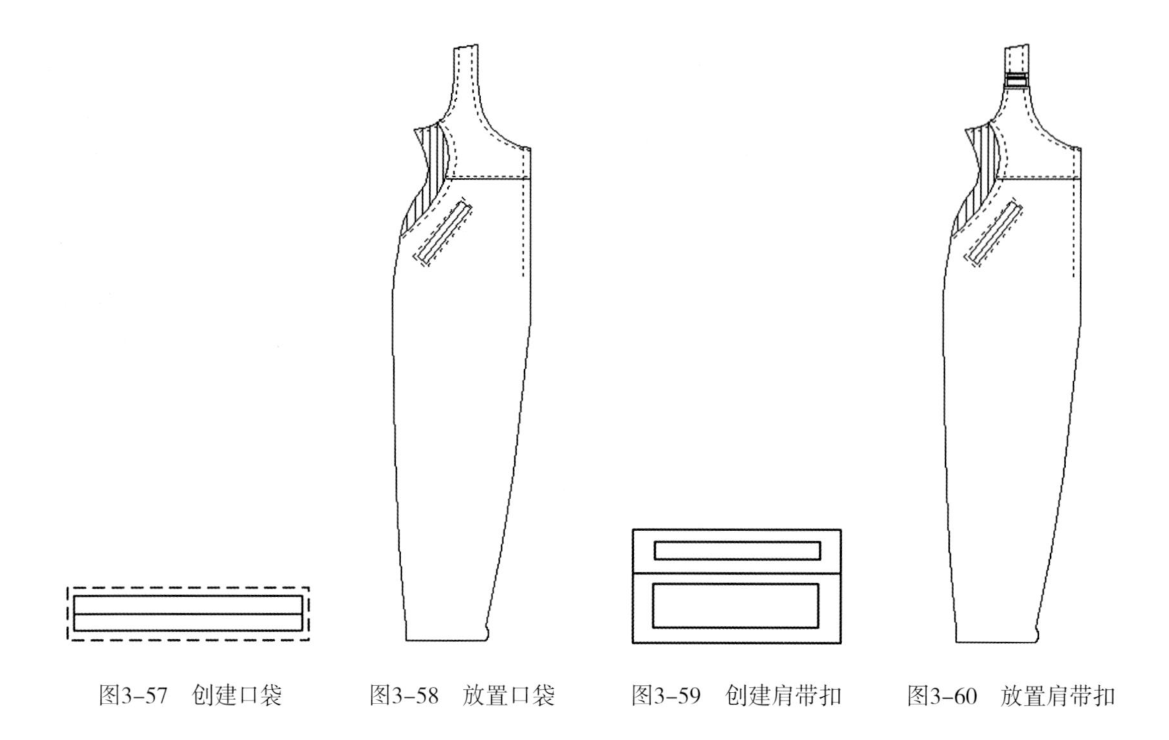

图3-57 创建口袋　图3-58 放置口袋　图3-59 创建肩带扣　图3-60 放置肩带扣

侧部分。将左、右两部分移到一起合并（图3-63）。利用【复合线】工具分别在左、右裤腿上各创建一条曲线。最后将婴儿裤成组。至此，图3-53所示的婴儿裤款式图创建完成。

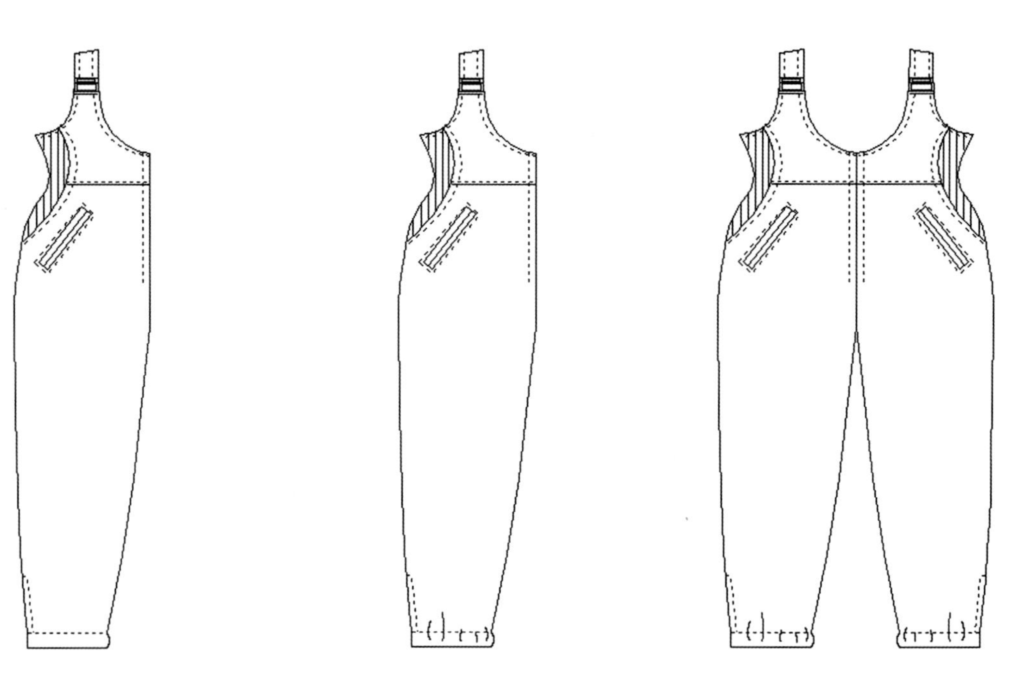

图3-61 绘制裤口两条虚线　图3-62 绘制裤口褶皱线　图3-63 左右合并

六、男西装绘制

男西装款式图如图3-64所示。该款式图可以先分别创建服装的大身、袖子、领子等部件，最后合并在一起。

1. 创建左侧大身

利用【复合线】工具在操作区创建男西装左侧大身，要求为一闭合面（图3-65）。利用【复合线】工具绘制两条风格线（图3-66），利用【复合线】工具创建口袋（图3-67）。

图3-64 男西装款式图

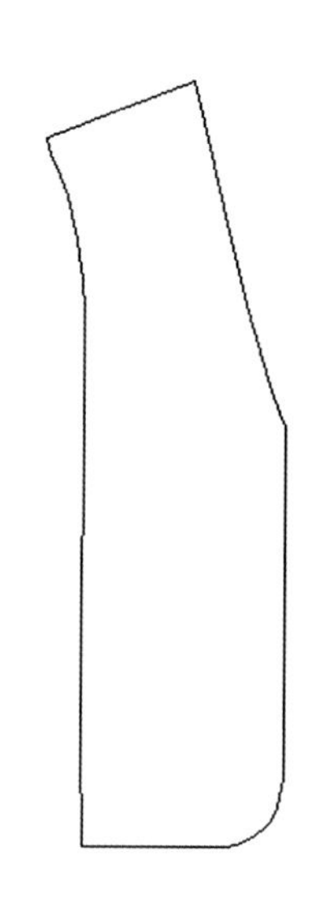

图3-65 男西装左大身

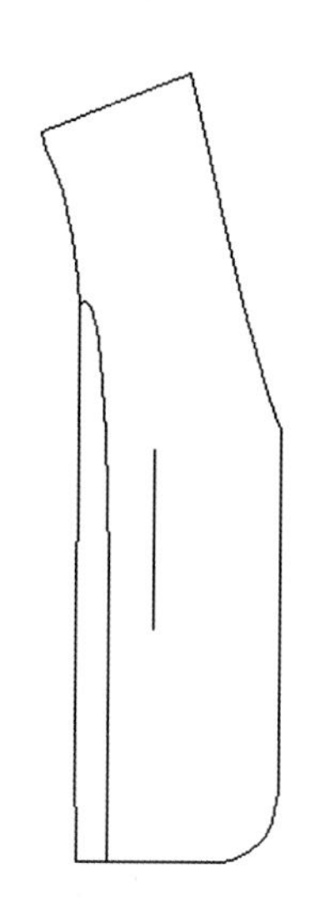

图3-66 绘制两条风格线

2. 创建左侧袖子

利用【复合线】工具在男西装左侧大身旁绘制左侧袖子，要求为一闭合面。因为作图时袖子会移置大身之下，所以在绘制袖子时，袖子的右侧线条不必很准确（图3-68）。选中袖子，通过点击右键菜单将其移置底层（图3-69）。将所有图形元素成组。

3. 完成右半部分

将已完成的男西装左半部分再复制出一个，并做水平翻转成为男西装右半部分，将左、右两部分移到一起（图3-70）。利用【复合线】工具或矩形工具的【平行四边形】子工具创建胸袋（图3-71）。

4. 创建纽扣

在操作区空白处，利用【圆形】工具的【直径圆】子工

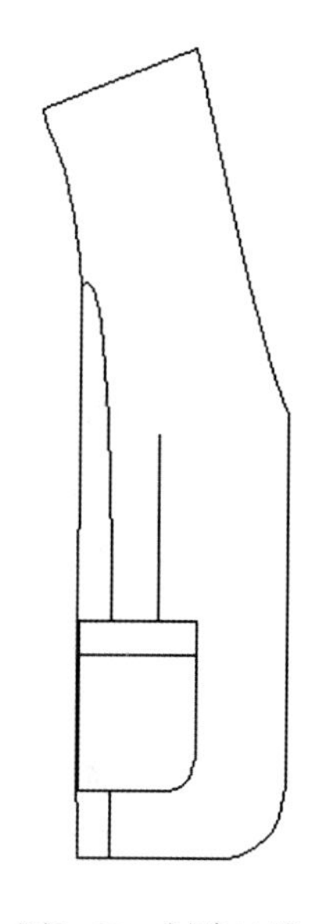

图3-67 创建口袋

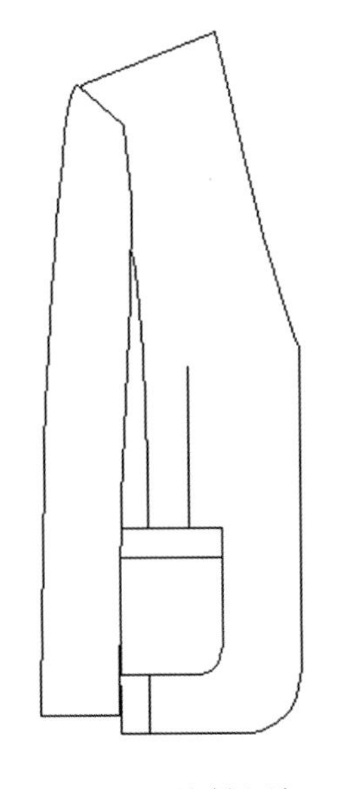
图3-68 绘制左袖

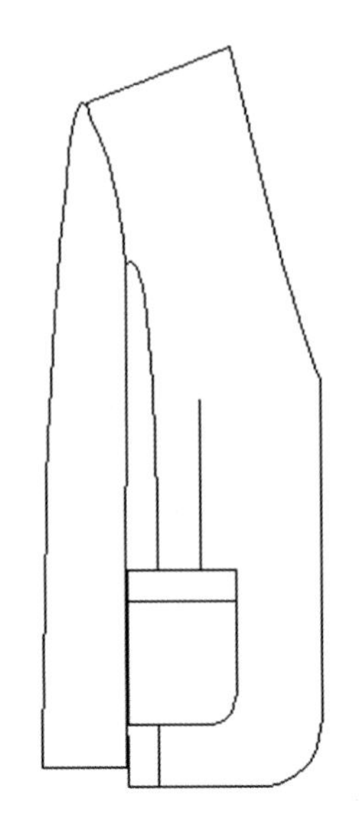
图3-69 左袖移置底层

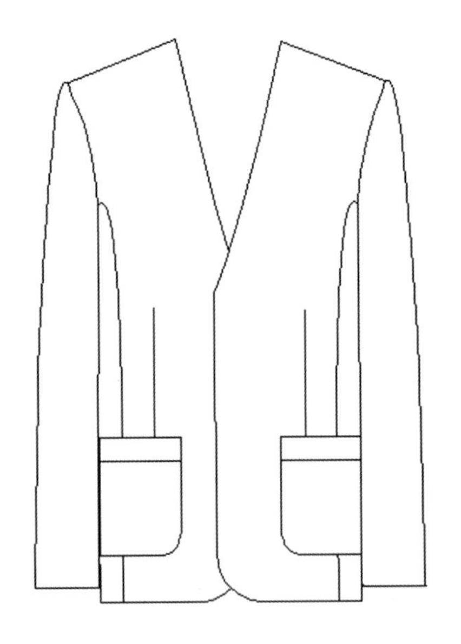
图3-70 左右合并

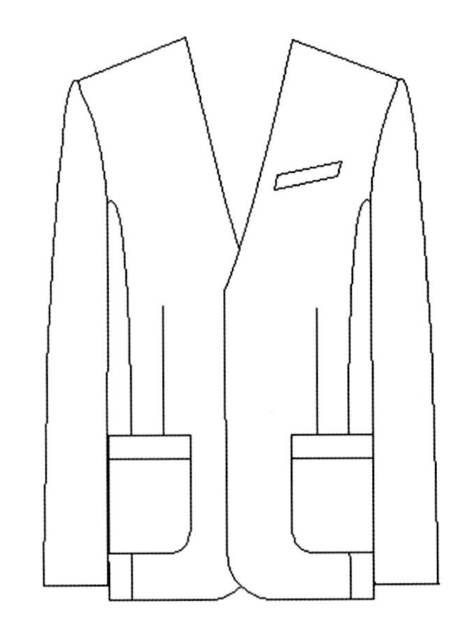
图3-71 创建胸袋

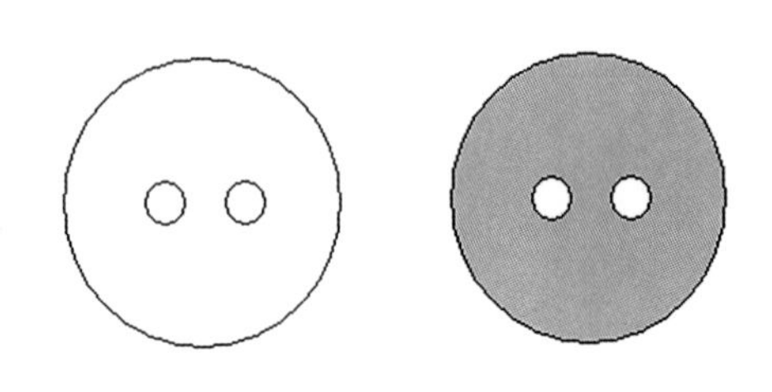
图3-72 绘制3个圆形　　图3-73 纽扣

具创建3个圆形（图3-72），将大圆的内部填充色设置为灰色，并将这3个圆形成组，作为纽扣（图3-73）。

将纽扣缩放至需要的尺寸，再复制出两个纽扣，将3个纽扣分别移至西装门襟处（图3-74），并选中，利用菜单“Change”——“Align”——“Align Left”和“Distribute Vertically”使3个纽扣左

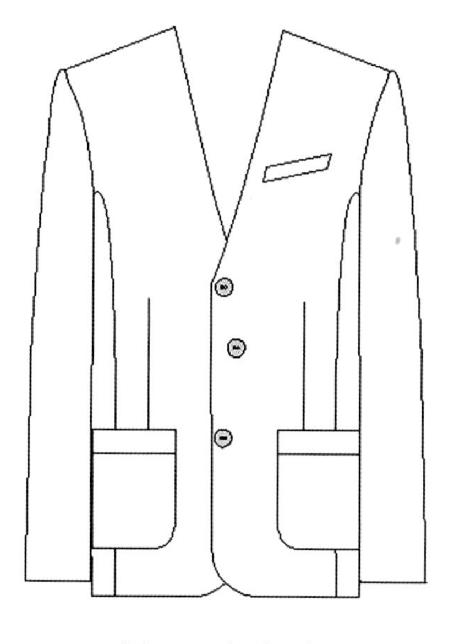

图3-74　摆放组扣

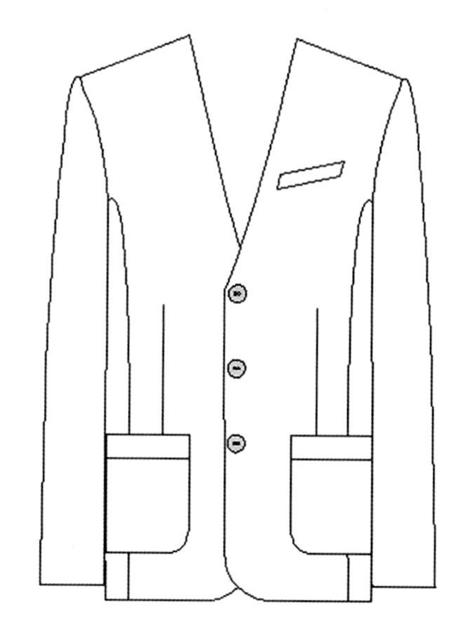

图3-75　排列组扣

对齐，且垂直均匀排列（图3-75），随后可以将所有图形元素组合。

5. 创建领子

利用【复合线】工具在操作区空白处创建两个闭合的多边形构成左领和驳头（图3-76），通过复制和水平翻转产生右领和驳头，并将两者移至一起（图3-77），调整左驳头形状（图3-78）。

利用【复合线】工具创建一个闭合的多边形面（图3-79），将多边形移至底层（图3-80），利用【复合线】工具创建两条曲线（图3-81）。最后将构成领子的所有图形元素成组。

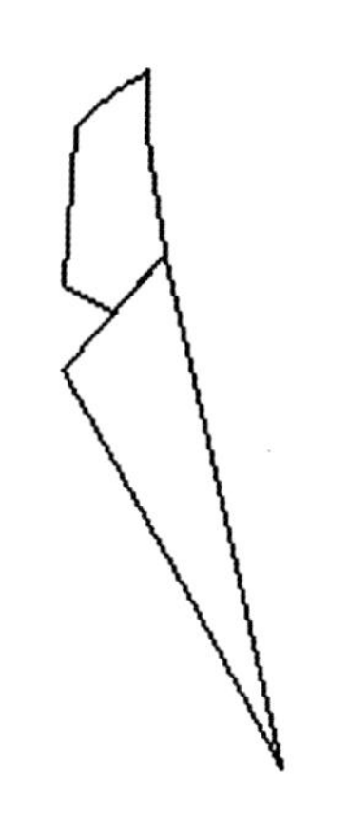

图3-76　创建左驳头

6. 完成男西装款式图

将领子移至西装大身上，调整大小与位置，最后成组，完成图3-64所示的男西装款式图。

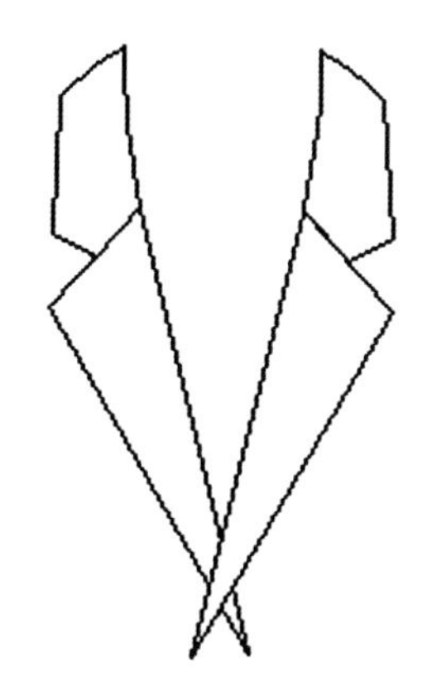

图3-77　创建右驳头

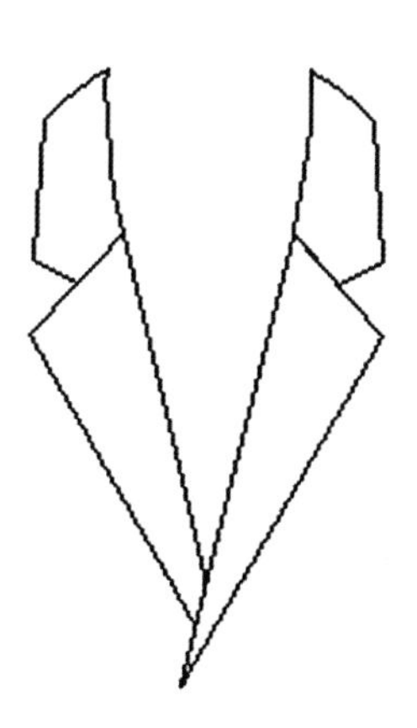

图3-78　调整左驳头

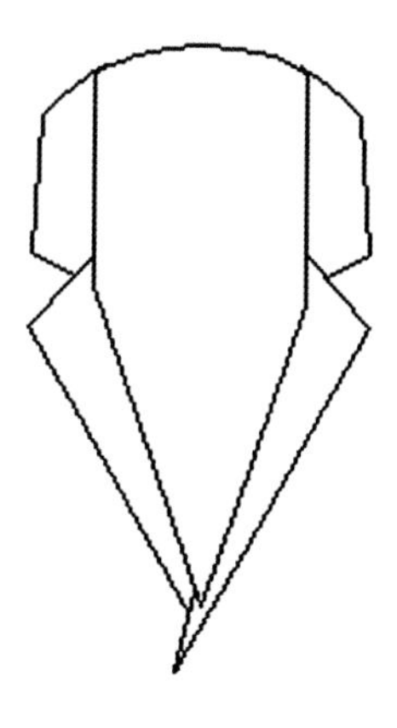

图3-79　创建多边形

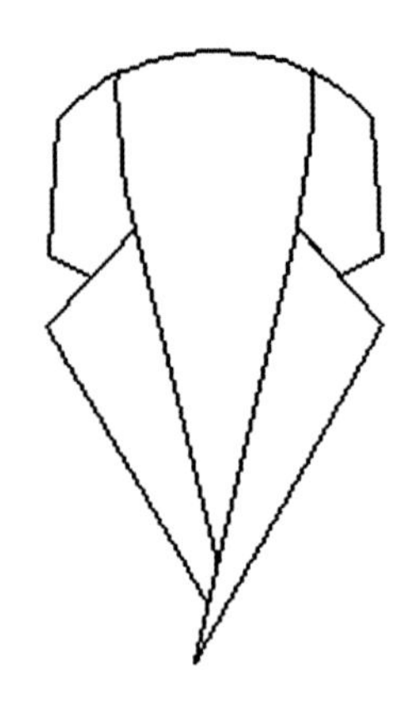

图3-80　多边形移置底层

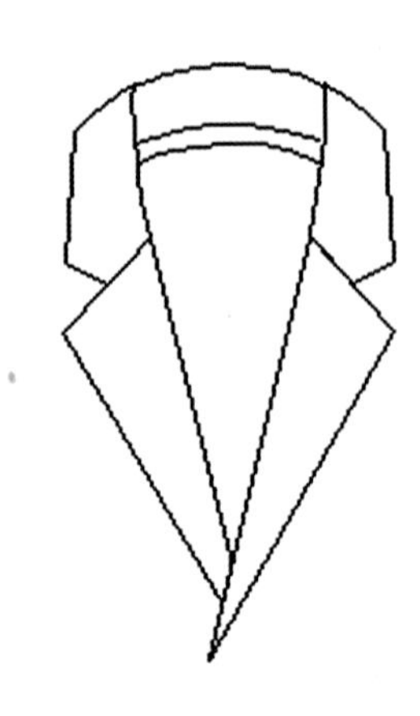

图3-81　创建两条曲线

第五节　Micrografx Designer软件快捷键

Micrografx Desinger软件常用快捷键一览表见表3-4。掌握并熟记这些快捷键，非常有助于提高Micrografx Desinger软件的使用效率。

表3-4　Micrografx Desinger软件快捷键一览表

序号	功能	快捷键
1	选择当前层的全部图形	F2
2	刷新显示	F3
3	全屏显示	F4
4	放大显示	F6
5	显示整页	Shift + F6
6	水平翻转	F7
7	垂直翻转	Shift + F7
8	逆时针旋转45°	F8
9	复制并逆时针旋转45°	Shift + F8
10	移至最底层	F9
11	移至最顶层	F10
12	连接并构成封闭图形	F11
13	绘图时，绘制正方形、圆形、水平线、垂直线等	Shift
14	选中目标对象后，利用鼠标进行拖动复制	Ctrl
15	利用鼠标将选中的图形沿水平、垂直及15°、30°、45°、60°、75°角方向移动	Ctrl + Shift

专业知识与应用方法——

Kaledo Style力克款式设计系统

课程名称： Kaledo Style力克款式设计系统

课程内容： 1. 系统概述。

2. 常用工具介绍。

3. 应用实例。

上课时表： 4课时

教学提示： 讲述Kaledo Style力克款式设计系统主要功能与用法。本章重点讲述Kaledo Style的常用工具，并通过实例较详细地讲述利用Kaledo Style软件设计服装款式图的方法与技巧。

指导学生对第三章复习与作业进行交流和讲评，并布置本章作业。比较Micrografx Designer和Kaledo Style的特点。

教学要求： 1. 使学生了解Kaledo Style软件主要功能与用法。

2. 使学生了解Kaledo Style软件的主要工具的功能与用法。

3. 使学生了解利用Kaledo Style软件创建服装款式图的方法与技巧。

复习与作业： 1. 简述Kaledo Style软件的主要功能。

2. 创建男西装款式图。

3. 创建夹克衫款式图。

4. 创建牛仔裤款式图。

第四章　Kaledo Style力克款式设计系统

力克设计系统（Kaledo）包括四个模块：Style、Weave、Knit和Print。其中Style用于款式设计，其他三个模块用于面料设计。力克款式设计系统界面友好，工具简单易学，可以比较轻松地进行服装款式设计。在款式设计系统中，还可以建立一个包括自己常用素材的基本素材库，节省设计开发的时间。本章将介绍Kaledo Style模块，系统版本为V2。

第一节　系统概述

Kaledo Style力克款式设计系统的界面为标准的Windows风格，包括菜单栏、工具栏、窗口、工作区、选项卡和状态栏（图4-1）。

菜单栏中包括了系统的所有功能及环境参数设置等功能。工具栏中包括多个工具组，如常规工具栏、颜色工具栏、矢量工具栏和图像工具栏等。用户可以按需要重新排列工具

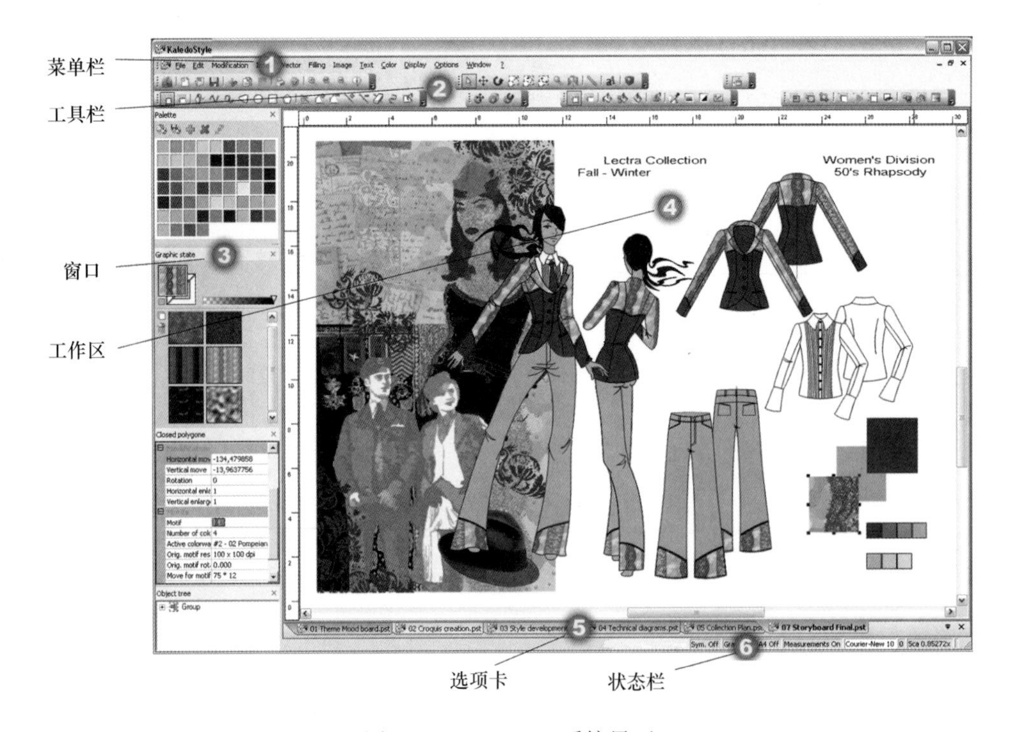

图4-1　Kaledo Style系统界面

栏和窗口，而使Kaledo Style界面符合自己的工作需要。工具栏可以在独立窗口（浮动工具栏）中显示或附加到任何屏幕边上。窗口包括属性窗口、图形状态窗口、色板窗口和对象树窗口等。工作区是主要的绘图区域，但只有包含在可打印区域内的图形才会在打印时生效。当同时打开多个文档后，所有文档都会显示在选项卡中，单击选项卡可以激活对应的文档。状态栏主要显示系统的一些状态信息，如绘图纸张尺寸等。

第二节 常用工具介绍

本节将介绍Kaledo Style系统常用的绘图工具和辅助工具，并按矢量工具和实用工具分类进行介绍。

一、矢量（Vector）工具

Kaledo Style提供了多个绘制图形和编辑图形的矢量工具，并包括用于使闭合形状对称并自动构造闭合形状的专用工具，这些工具都使得绘制服装款式图形变得更简单。矢量工具栏如图4–2所示。

图4–2 矢量工具栏

（1）【几何模式】工具□：在该工具模式下，可以绘制矢量图形，创建的图形元素可以修改，并且不会被合并到图像中。

（2）【轮廓模式】工具：该工具模式用于图像，用户能够用矢量工具绘制将被合并到图像中的图形。此模式用于在相片或草图上创建轮廓并使用纹理或颜色填充这一区域。在此模式中不可修改矢量点。

（3）【自由线】工具：该工具用于绘制不规则的曲线和线条。使用此工具时有两个模式：线条模式和曲线模式。选择【自由线】工具后，在工作区单击鼠标左键，徒手绘图。在绘制时若出现错误，按住“Shift”键，并沿线条原路返回（单击鼠标左键）即可将其删除。

（4）【线条】工具：该功能用于绘制线段，与某些键结合使用，也可按任何角度绘制弧线。选择工具后，单击鼠标左键开始逐点绘制，单击右键则确定完成绘制。

按住键盘上的“Q”“W”“A”“S”键（如果“Caps Lock”已开启，则这些键不起作用），可以设置曲线绘制的方向和速度。

- Q：沿顺时针方向绘图。
- W：沿逆时针方向绘图。
- A：沿顺时针方向绘图，并加快绘图速度。
- S：沿逆时针方向绘图，并加快绘图速度。

如果绘制垂直线或水平线，则按住“Shift”键，然后绘制线条即可（若不想限定第二个线条，则释放“Shift”键）。

若想删除前一个线段，按住“Alt”键并单击左键。

（5）【切线弧线】工具：该工具用于绘制精确固定点所定义的曲线。选择【切线弧线】工具后，在工作区单击鼠标左键确定曲线起点，继续单击左键，创建曲线线段，单击右键完成绘制。按住“Ctrl”键可转换成绘制直线线段工具，松开“Ctrl”键恢复成曲线工具。

（6）【闭合弧线】工具：该工具用于绘制由曲线组成的闭合图形。绘制这些形状的方式与【切线弧线】的方式完全一致，但创建的形状将始终是闭合的。选择【闭合弧线】工具后，单击鼠标左键以创建曲线的封闭形状，单击左键依次决定图形的各个点，单击右键完成绘制。

（7）【椭圆】工具：该工具用于绘制椭圆形和圆形。选择【椭圆】工具后，单击鼠标左键并拖动创建椭圆形。绘制之前如按住“Shift”键，可以绘制圆形。将光标放置在椭圆形开始之处，单击左键，可以输入椭圆形的宽度和高度，按“Enter”键完成输入。宽度和高度之间使用“；”隔开，如键入“3；3”。

（8）【矩形】工具：该工具用于绘制矩形。选择【矩形】工具后，按下鼠标左键并拖动创建矩形，释放鼠标完成绘制。绘制之前如按住“Shift” 键可以绘制正方形。将光标放置在矩形开始之处，单击左键，可以输入矩形的宽度和高度，按“Enter”键完成输入。宽度和高度之间使用“；”隔开。

（9）【连续线】工具：该工具用于绘制由多条线段组成的图形，这些线段的依次连接，可以形成封闭的多边形。选择【连续线】工具后，单击鼠标左键开始绘制，单击右键完成绘制。

按住键盘上的“Q、W、A、S”键（如果“Caps Lock”已开启，则这些键不起作用），可以设置曲线绘制的方向和速度。

- Q：沿顺时针方向绘图。
- W：沿逆时针方向绘图。
- A：沿顺时针方向绘图，并加快绘图速度。
- S：沿逆时针方向绘图，并加快绘图速度。

若想撤销前一个线条的绘制，按住“Alt”键并单击鼠标左键。

（10）【移点】工具：该工具用于移动、添加或删除构造点来精确修改图形形状。选择【移点】工具后，即可沿着矢量对象移动点、添加和删除点。操作方法如下：

①选择需要修改的线条，单击并拖动某个点进行移动，拖动某个点的节点句柄以改变曲线的形状。节点句柄作为浮点出现。按住“Shift”键可以操作单一节点句柄，从而仅编辑曲线的一侧。

②按住“Alt”键并单击两点之间可以添加一个新点。

③在移动点的同时按住“Shift”键以添加一个曲线点，这将创建曲线句柄。

④按住“Alt”键并选择一个点可以删除该点。

（11）【连接】工具：该工具用于连接绘图元素。选择【连接】工具后，选择对象或线条，单击一个端点，然后再单击另一个对象的端点，可以将两者进行连接。

（12）【拆开】工具：该工具用于将一个矢量元素分成两个对象。例如，从某矢量元素提取特定形状，可以拆开轮廓线条而不仅是构造点。【拆开】工具类似于使用剪刀剪切。当拆开闭合形状上的构造点时，被拆开的点会消失但仍保持活动。然后可以移动该点，这将显示被剪切的终点。选择【拆开】工具后，单击分割处即可。选择【移动】工具，可以将对象移动开。

（13）【加点】工具：该工具用于将新点添加到矢量图形中。选择【加点】工具后，在两点之间单击鼠标左键，即添加一个新点。

（14）【删点】工具：该工具用于删除矢量图形中的点。选择【删点】工具，选中对象，如线条，单击要删除的点即可。

（15）【橡皮擦】工具：该工具用于删除部分线段。可以使用矩形删除区域，鼠标左键单击并沿着线段拖动则擦除矩形区域内的部分。对于其他形状的删除区域，可以使用点到点单击以创建自定义形状，右键单击以完成形状。对象中落入自定义形状内的一部分被擦除。

（16）【简化】工具：该工具用于减少矢量图形中的点数，使矢量形状变平滑。有两种简化矢量的方式，其一为精确简化，即在选定单位中输入容差。容差越大，创建的图像越简单；其二为自动简化，即输入减少点的百分比，百分比越高，创建的图像越简单。使用时，双击该工具，弹出矢量简化对话框，选择精确或自动简化，并输入容差或简化比率数值。鼠标左键单击形状加以简化。

二、实用（Utility）工具

实用工具栏主要具有选择、缩放、翻转等调整图形显示的功能，以及对称绘图的功能。实用工具栏如图4-3所示。

（1）【选择】工具：该工具用于选定、编辑图形对象。点击【选择】工具后，利

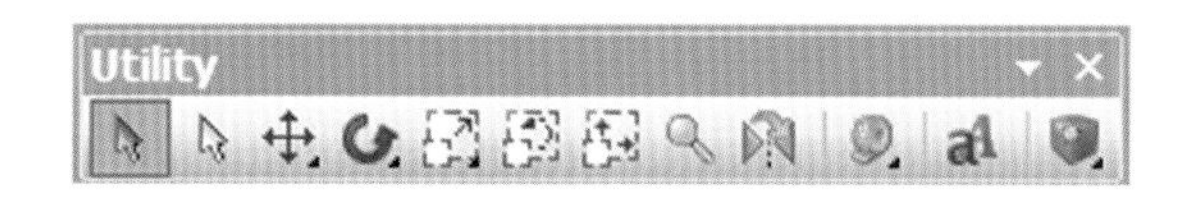

图4-3　实用工具栏

用鼠标左键单击对象即可。如按住“Shift”键可选择多个对象，也可以进行框选，若从左至右画框，选择框只考虑完全包含在其内部的对象。然而，若从右至左画框，选择框将选择已包含在其内部的对象和与框相交的对象。

选定一个对象后，可以根据光标所在位置操纵选定的对象，方法如下。

①若光标变为“✥”，可以移动对象。

②若光标变为“↔”“↕”或“↘”，能够拉伸对象。按住鼠标左键，将光标移至期望位置。

③当光标置于角句柄的上方时，光标将变为“↻”，可以按住鼠标左键，将光标向所需旋转方向移动来旋转对象。

（2）【移动】工具✥：该工具用来选择和移动对象。选择【移动】工具后，将光标置于需要移动的线条或对象上方。当对象变蓝时，左键单击并拖动对象以进行移动。当处于别的工具状态时，可以按下“Alt”键同时鼠标左键单击并拖动来移动对象；放开“Alt”键后，返回到原工具状态。如果双击工具图标，可以打开输入“精确移动”对话框，输入水平移动（Horizontal move）和垂直移动（Vertical move）数值，单击【OK】即可（图4-4）。

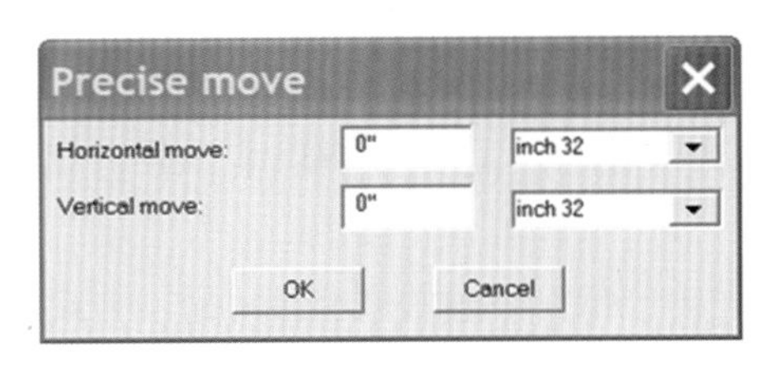

图4-4　精确移动对话框

此外，还可以通过键盘上的四个箭头精确定位选定对象。使用“Shift”键加键盘上的箭头，可以移动更远的距离，或在状态栏中键入距离。方法如下：

若移动对象的方向是水平向右，键入数值并按下键盘上的“Enter”键。例如，键入“3”并按下键盘上的“Enter”键。

若移动对象的方向是水平向左，键入“-3”并按下键盘上的“Enter”键。

若移动对象的方向是向上，键入“；3”。

若移动对象的方向是向下，键入“；-3”。

若有限制地移动对象，则在按住鼠标左键的同时按住“Shift”键，移动对象，水平限制和垂直限制有效。放开鼠标左键以确认移动。

（3）【旋转】工具↻：该工具用于选择和旋转对象。选择【旋转】工具后，鼠标左键单击并拖动对象，使对象沿着其中心点旋转。双击【旋转】工具图标，可以打开输入精确旋转角度的对话框，也可以在状态栏键入旋转百分比。

（4）【缩放】工具：该工具用于缩放绘图对象，缩放比率可以根据宽度和高度来定义，以重新调整对象大小。此比例可以影响多个选定对象。可以是用鼠标粗略地重新调整对象大小，或通过输入值进行精确调整。方法如下：

①单击对象，然后单击并朝其中心拖动以缩小对象。单击并朝与其中心相反的方向拖动以放大对象。

②双击工具图标，弹出对话框，可以输入缩放百分比。也可以在状态栏键入缩放百分比。例如，输入“0.50；0.50”可使对象缩小50%。

③若要应用递增的缩放等级，在按住鼠标左键的同时按住“Shift”键。对对象进行缩放：应用的缩放等级显示在状态栏中（x0.5，x0.33…x2，x3，x4…）。放开鼠标左键以确认缩放。一旦放开“Shift”键，缩放比例将不再受限制。

（5）【缩放旋转】工具：该工具用于缩放并旋转对象。选择需要调整的对象，选择该工具，将指针置于对象的轮廓或背景（如果存在背景），然后拖动鼠标对其同时进行缩放和旋转，直到获取满意的旋转和大小。

（6）【伸展】工具：该工具用于方便地修改对象的大小。可以根据鼠标移动方向沿水平或垂直轴来重新调整大小。当选中图形对象时，操作方式包括单击对象的轮廓或背景，然后沿着所需的伸展轴拖动鼠标。

若要将伸展限定在一个对象上，在按住鼠标左键的同时按住“Shift”键。伸展对象的比例会显示在状态栏中（如x0.50，x0.33…x2，x3…）。放开鼠标左键以确认伸展。

（7）【对称】工具：该工具用于绘制对称图形。由于服装款式图大多为对称图形，使用【对称】绘制，可以大大节省绘制时间。要绘制对称垂直直线，按住“Shift”键的同时，按下鼠标左键拖动鼠标绘制线条。要输入对称线条的长度，单击起点，输入长度，并按“Enter”键。单击左键可以放置点。如要以45°角绘制对称线条，鼠标单击起点，键入“45”并按“Enter”键，将线条拖至所需长度并左键单击。若想停止使用对称线，可以使用【选择】工具并左键单击对称线可以将其关闭；或左键单击状态栏中的“Sym. on”键 Sym. On 可以将其关闭。

通过再次选择对称线或左键单击“Sym. off”键 Sym. Off 可以将对称功能激活。

当对象以【对称】工具绘制时，编辑对称线一侧的任何图形，另一侧也将被修改。

若要删除对称线，可以单击【选择】工具，选择对称线，按“Delete”键删除，或者选择【橡皮擦】工具擦除。打印时对称线不会被打印出来。

第三节　应用实例

本节将通过4个实例，使读者掌握使用Kaledo Style绘制服装款式图的基本方法。本节实例中的服装款式图为服装企业中使用的线条图，故没有效果上的处理。

一、T恤绘制

T恤是夏天必备的服装，其款式图的绘制非常简单。具体绘制方法如下：

1. 绘制垂直对称轴

选择【对称】工具，按住“Shift”键，在工作区空白位置单击鼠标左键，绘制出垂直对称轴（图4–5）。

图4–5 垂直对称轴

2. **绘制T恤大身**

选择【线条】工具，在垂直对称轴一侧，单击鼠标左键，依次绘制出肩部、袖子、侧缝、底摆各点，单击鼠标右键结束，绘制出T恤的大身形状［图4–6(a)］。继续使用【线条】工具，绘制袖口的缉缝线、袖窿线和后中上的标签，点击鼠标右键结束，绘制出T恤大身［图4–6（b）］。

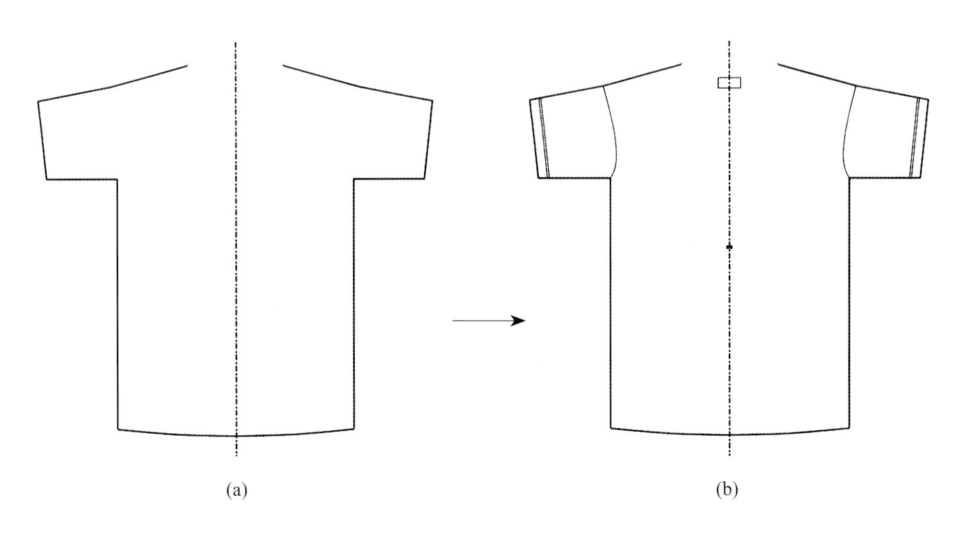

图4–6 T恤大身

3. **创建罗纹线迹**

选择【线条】工具，在工作区空白区域，按住“Shift”键，单击鼠标左键，画出一条垂直的竖线，双击工作区左侧的图形状态窗口中的线条样式，弹出效果对话框，在“直线”选项卡中选择【定义直线】按钮［图4–7（a）］。

框选之前画的竖线，使用滑动条调整“风格化线条”框中的宽、高和间隔，调整出罗纹的效果，选择【保存】按钮，将线条样式保存在线迹库文件夹内［图4–7（b）］。

4. **绘制领口罗纹**

单击图形状态窗口中的【新建】按钮，将刚刚制作的线条样式添加到线条列表中［图4–8（a）］。选择此线条样式后，选中【线条】工具，用这个新样式绘制出领口螺纹的线条［图4–8（b）］。双击图形状态窗口中的线条样式，在弹出的效果对话框中，单击【笔画类型】按钮，选择直线，将线条的形态恢复为默认直线，单击【应用】，然后单击【关闭】。

5. **绘制领口边缘线**

选择【切线弧线】工具，绘制袖子接缝、衣领边缘，如图4–9（a）所示。将绘制完成的图形保存，完成后的T恤服装款式图如图4–9（b）所示。

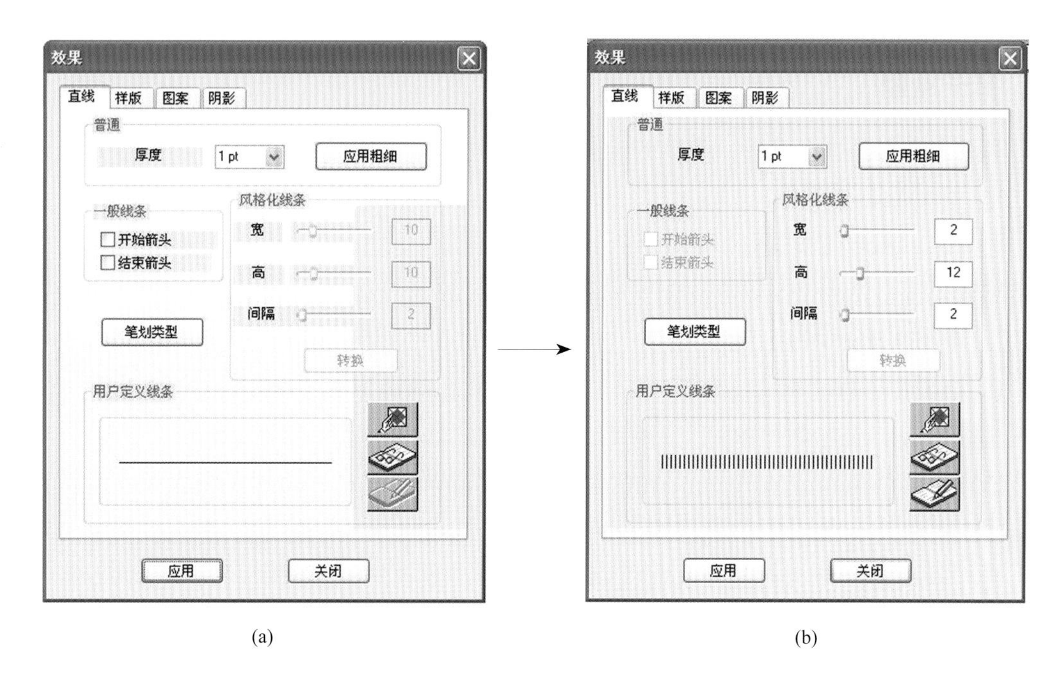

图4-7　创建罗纹线迹

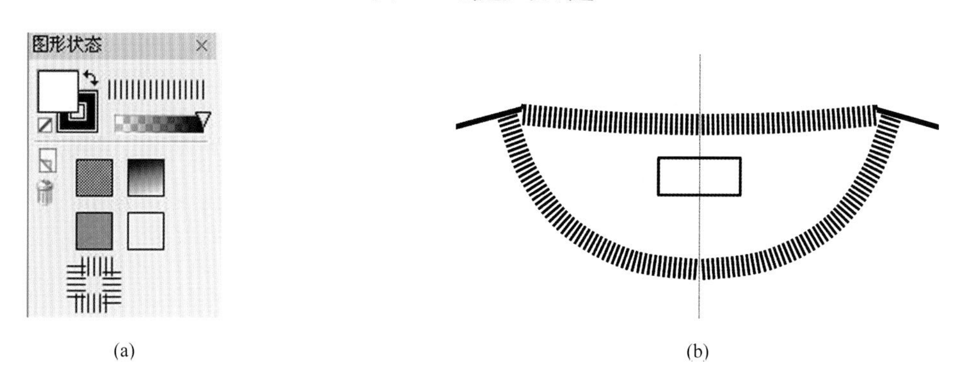

图4-8　领口罗纹

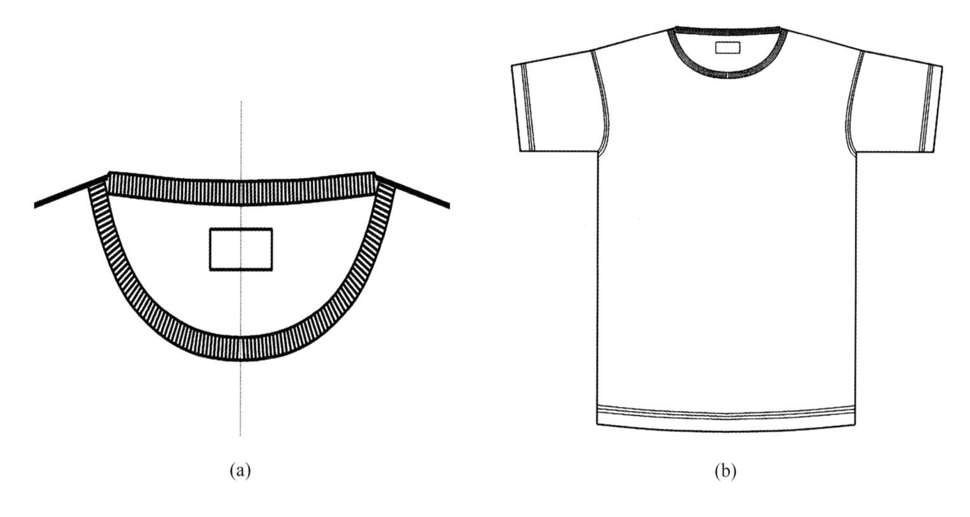

图4-9　领口及T恤

二、裤子绘制

本例为一款高腰九分裤，具体的绘制方法如下：

1. 绘制垂直对称轴

选择【对称】工具 ，按住“Shift”键，在工作区空白位置单击鼠标左键绘制出垂直对称轴。

2. 绘制裤子腰部

在状态栏上的“引力。Off”按钮 引力。Off 处双击鼠标左键，变为“对象”模式 引力。对象，这样在绘制图形时，光标将自动捕捉到线条或者关键点。

选择【切线弧线】工具 ，单击左键从对称轴开始描绘裤腰部分的线段。可以在每一条曲线结束的一点按住“Ctrl”键转换为直线，然后松开“Ctrl”键，继续描绘下一条曲线，这样就不需要单击右键结束曲线以重新开始，或在每一条曲线结束一点单击右键结束，下一条曲线单击左键开始绘制（图4-10）。

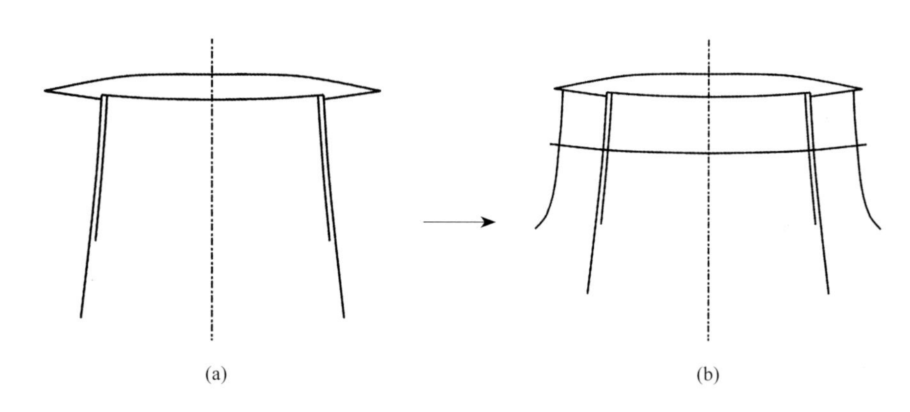

图4-10　裤子腰部

3. 绘制裤子侧缝线和裤脚

使用【切线弧线】工具 ，如图4-11所示，图4-11（a）为绘制裤子的内外侧缝线，图4-11（b）为绘制裤脚线。

4. 绘制裤子门襟部分

鼠标左键单击状态栏上的“对称。On”按钮 对称。On，关闭对称为 引力。Off。

选择【切线弧线】工具 ，单击鼠标左键开始，从裤腰开始绘制裤子门襟及裆部交叉处（图4-12）。

5. 绘制扣子和扣眼

选择【椭圆】工具 ，按住“Shift”键，按住鼠标左键并拖住绘制出正圆形，创建扣子图形。

选择【切线弧线】工具 ，在裤子图形的裤腰门襟适合部位绘出扣眼部分（图4-13）。裤子绘制完成如图4-14所示。

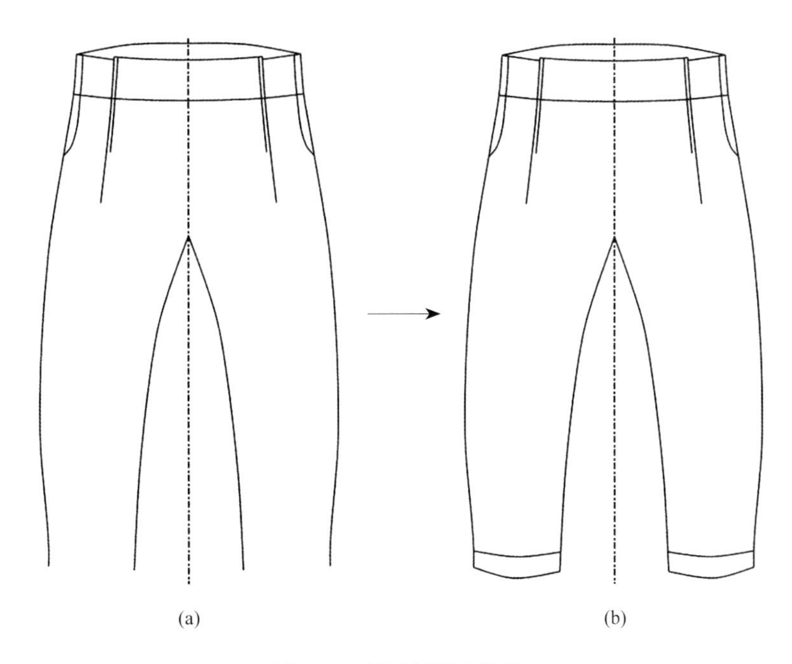

(a)　　(b)

图4-11　裤子侧缝及裤脚

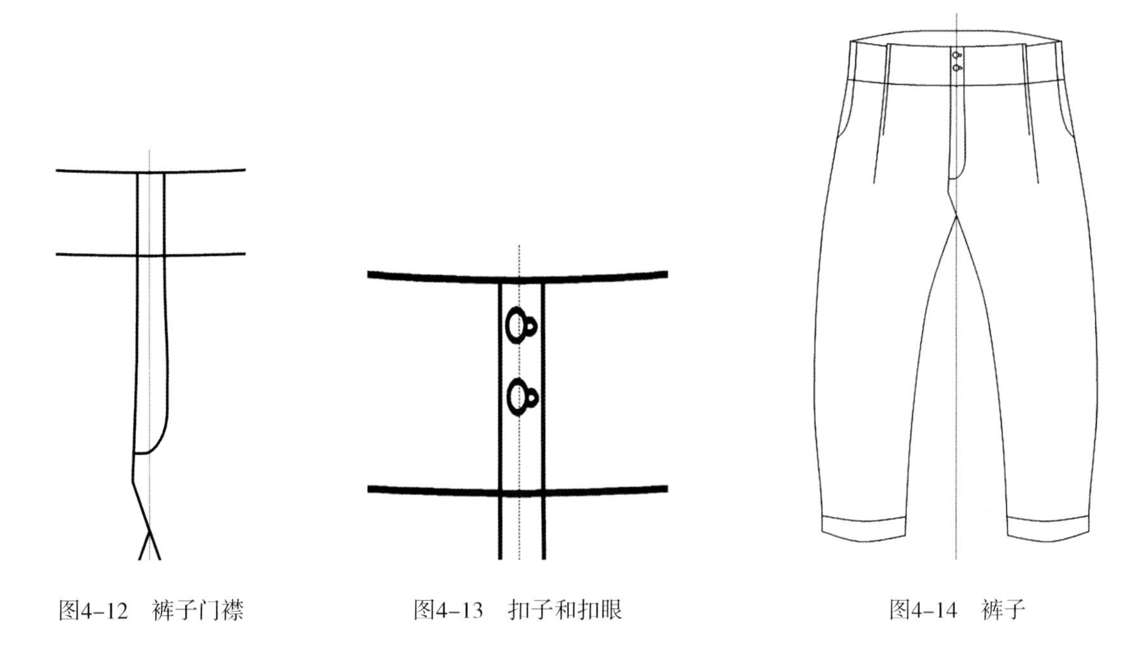

图4-12　裤子门襟　　图4-13　扣子和扣眼　　图4-14　裤子

三、裙子绘制

本实例中的裙子款式特点为正面有一定的装饰，裙子背面的绘制可以通过拷贝正面的图形进行修改完成。具体绘制方法如下：

1．**绘制垂直对称轴**

选择【对称】工具，先按住“Shift”键，鼠标左键在工作区单击，拖动画出垂直对称轴，右键点击结束。

2. **绘制裙子外轮廓**

在状态栏上的“引力。Off”按钮 引力。Off 处双击鼠标左键，变为“对象”模式 引力。对象，这样在绘制图形时，光标将自动捕捉到线条或者关键点上。

选择【切线弧线】工具，鼠标左键单击垂直对称轴，绘制出衣领部分，在衣领最后一点处单击鼠标右键，结束衣领部分。在衣领最后一点处单击鼠标左键，继续绘制出肩部，按住“Ctrl”键，将曲线工具转换为直线，单击肩部最后一点（这样就形成了直线角，而不是曲线角），松开“Ctrl”键，继续绘制出裙子外轮廓的袖窿部分，在绘制袖窿最后一点时按住“Ctrl”键，单击鼠标左键，松开“Ctrl”键，继续绘制裙子外轮廓的侧缝部分，单击鼠标右键结束绘制出裙子的外轮廓大形（图4-15）。

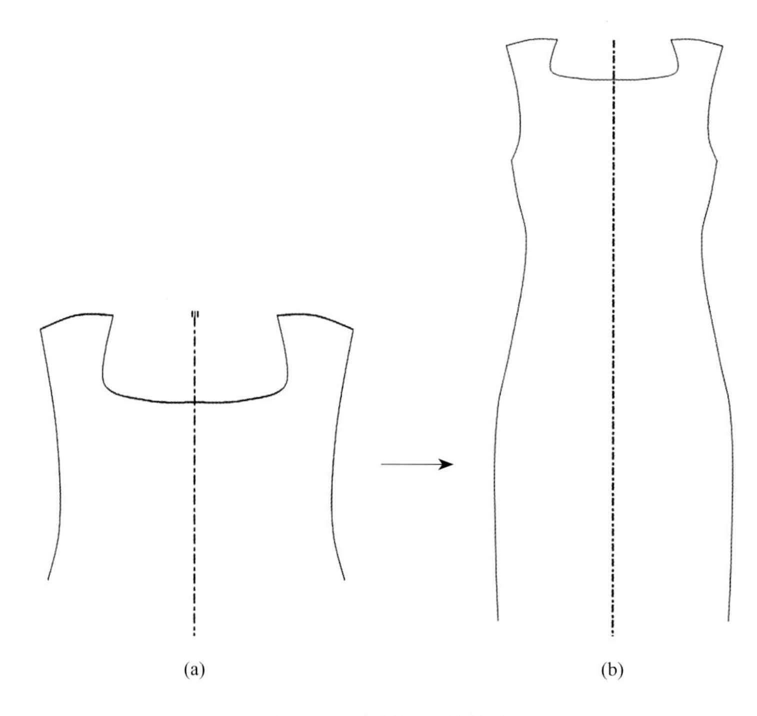

图4-15 绘制裙子外轮廓

3. **绘制裙子下摆**

鼠标单击状态栏上的“对称。On” 对称。On，关闭对称为 引力。Off。

选择【切线弧线】工具，绘制出裙子下摆（图4-16）。

4. **绘制裙子正面其他部分**

继续使用【切线弧线】工具，绘制出裙子正面的其他部分（图4-17）。

5. **复制裙子正面外轮廓**

利用【选择】工具，选择裙子正面的外轮廓线的上半部分（肩部、袖窿和侧缝）和对称轴，按住“Shift”键的同时，继续选择裙子的下摆线。按“Ctrl+C”，再按“Ctrl+

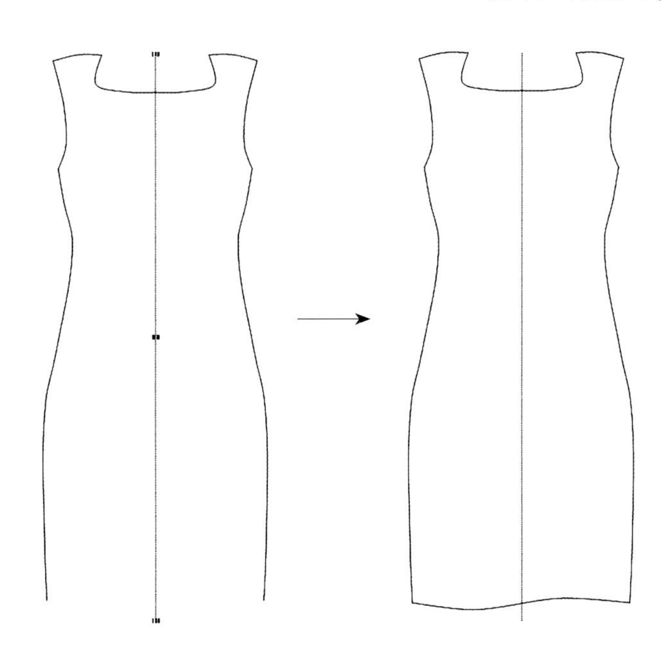

图4-16 绘制裙子下摆

V”，复制出裙子正面的外轮廓线。移动鼠标直到光标变成 ，移动复制出来的轮廓线到工作区的空白区域，单击鼠标左键放置图形（图4-18）。

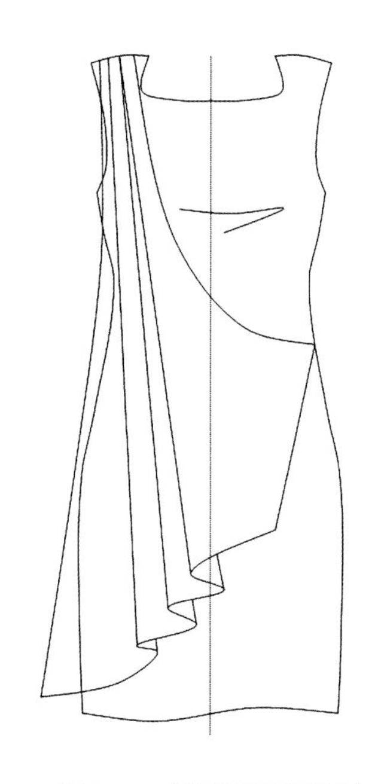

图4-17 裙子正面的绘制

6. **翻转复制出的裙子正面**

选择菜单“修改”——“左右翻转”，将裙子正面的外轮廓线翻转（图4-19）。

7. **绘制裙子背面**

选择【切线弧线】工具 ，绘制出裙子背面的衣领及其他线条（图4-20）。

8. **自定义拉链线迹**

选择【矩形】工具 ，在工作区空白位置绘制出两个小矩形，用于创建自定义线条——拉链（图4-21）。

双击工作区左侧的图形状态窗口中的线条样式，弹出效果对话框，在“直线”选项卡中选择【定义直线】按钮 。框选形状定义矩形区域（即刚刚绘制的两个小矩形），确保边框内有额外的空白区，以捕获整个形状。额外的空间不包含在缝合定义内。使用滑动条调整“风格化线条”框中的宽、高和间隔(具体形状的预览将出现在“用户定义形状”框内)。选择【保存】按钮 ，将线条样式保存在线迹库文件夹内。要应用新样式，单击【应用】按钮，然后单击【关闭】按钮［图4-22（a）］。

在图形状态窗口中，单击【新建】 ，将新线条样式添加到线条列表中。如图4-22（b）所示。

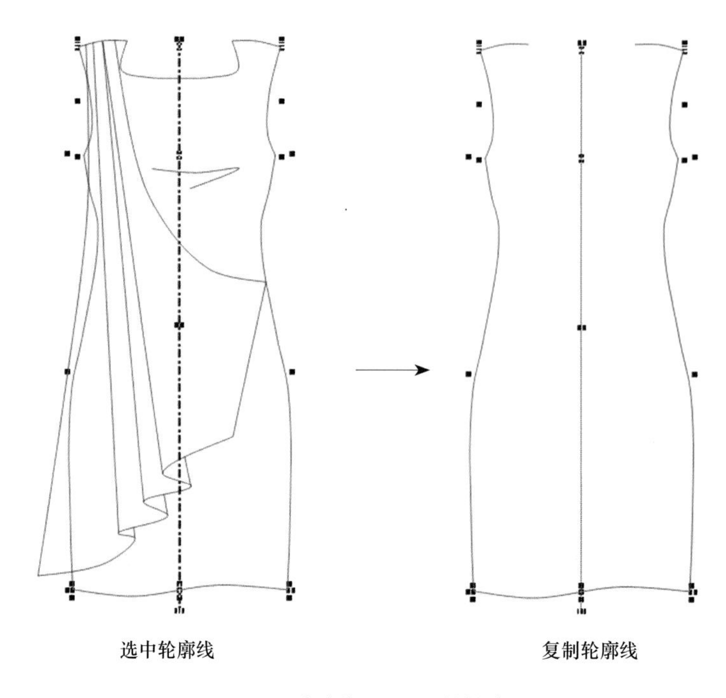

图4-18　复制裙子正面外轮廓

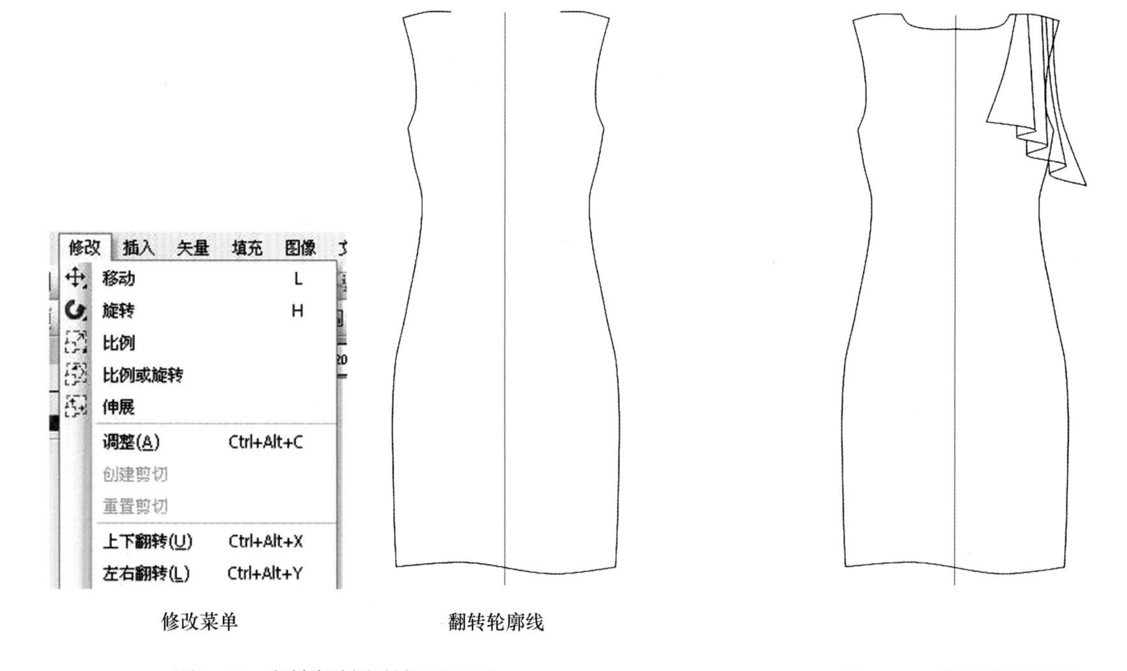

图4-19　翻转复制出的裙子正面

图4-20　绘制裙子背面

图4-21　创建两个矩形

9. 绘制拉链及拉链头

选择【线条】工具，使用新的线条样式在裙子背面图上画出拉链。双击图形状态窗口中的线条样式，在弹出的效果对话框中，单击【笔画类型】按钮，选择直线，以更改拉链头线条的形态为直线，单击【应用】，然后单击【关闭】［图4–23（a）］。

选择【切线弧线】工具 或者【椭圆】工具 画出拉链头的形状［图4–23（b）］，画完拉链头，保存图像，裙子的样式绘制完成。

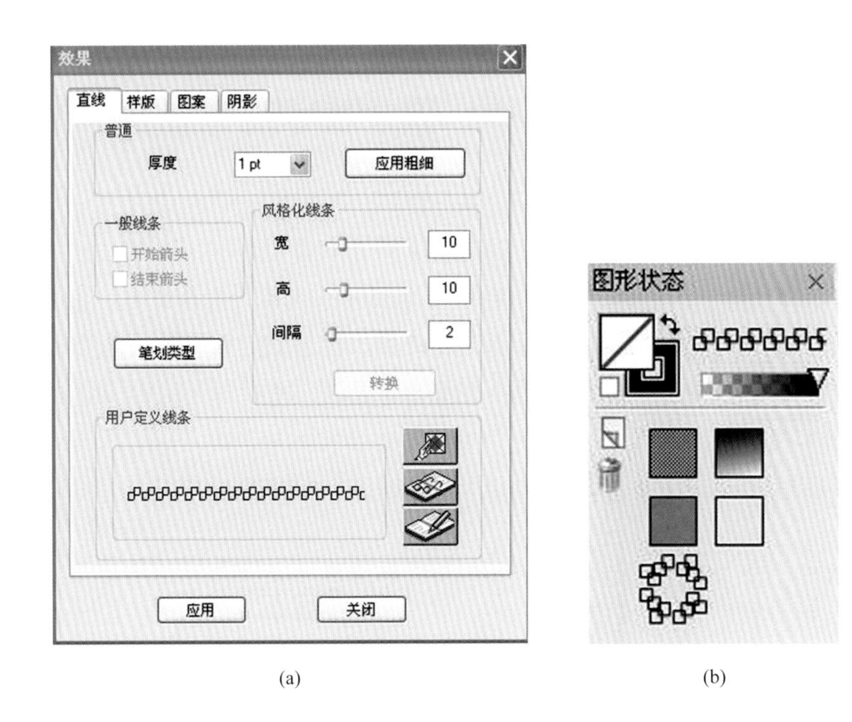

(a) (b)

图4–22 自定义拉链线迹

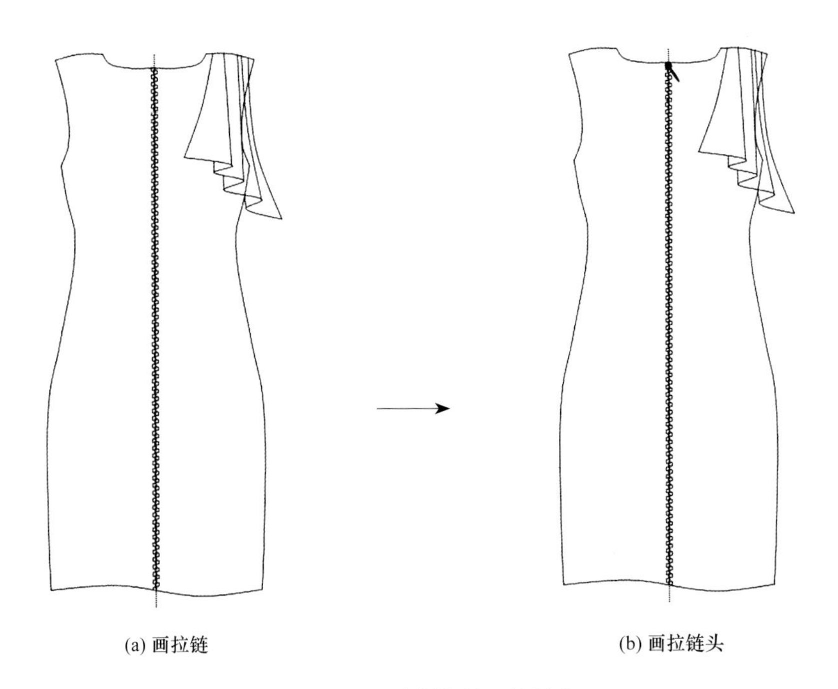

(a) 画拉链 (b) 画拉链头

图4–23 绘制拉链及拉链头

四、马甲绘制

马甲的种类很多，本实例介绍的马甲为与西服搭配的正装类马甲，其具体绘制方法如下面介绍。

1. 绘制垂直对称轴

选择【对称】工具，先按住“Shift”键，鼠标左键在工作区单击，拖动画出垂直对称轴，点击右键结束。

2. 绘制马甲的领子

在状态栏上的“引力。Off”按钮 引力。Off 处双击鼠标左键，变为“对象”模式 引力。对象，这样在绘制图形时，光标将自动捕捉到线条或者关键点上。

选择【切线弧线】工具，单击鼠标左键开始，在垂直对称轴的一侧绘制出领子，一边绘制一边注意曲线的粗细及形状，单击右键结束绘制，图4–24所示为马甲领子图形。

3. 绘制衣身

使用【切线弧线】工具，依次画出马甲的肩线、袖窿和衣身部分（图4–25）。

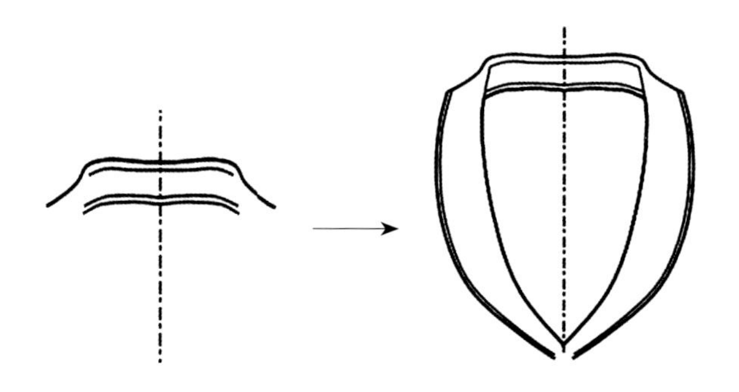

图4–24　绘制领子

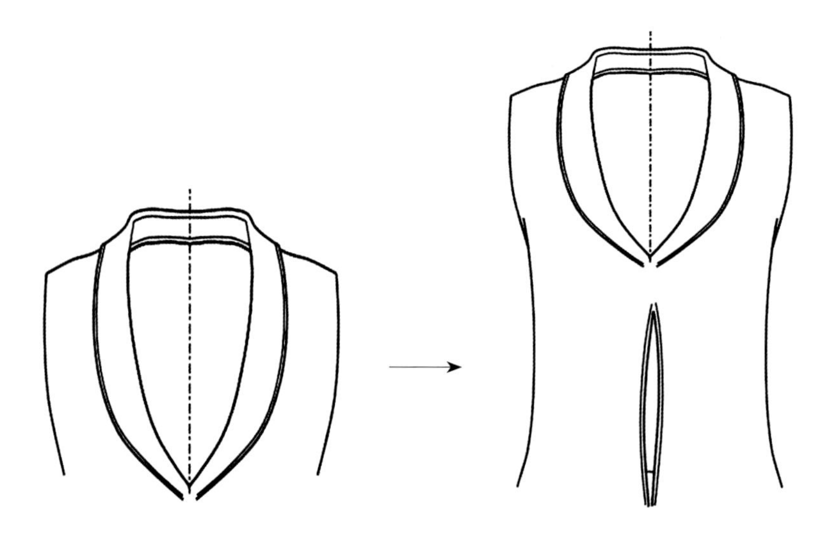

图4–25　绘制衣身

4. 绘制口袋和下摆等

使用【切线弧线】工具，依次画出马甲的口袋、门襟、下摆和缝纫线。但要注意，门襟重叠部分不要画出，只需画出左右侧一样的地方，如图4–26所示。

5. 绘制马甲的不对称部分

单击状态栏上的“对称。On”按钮 对称。On，关闭对称为 引力。Off。使用【切线弧线】工具，将马甲领子和门襟左右侧不同的地方补充完整（图4–27）。

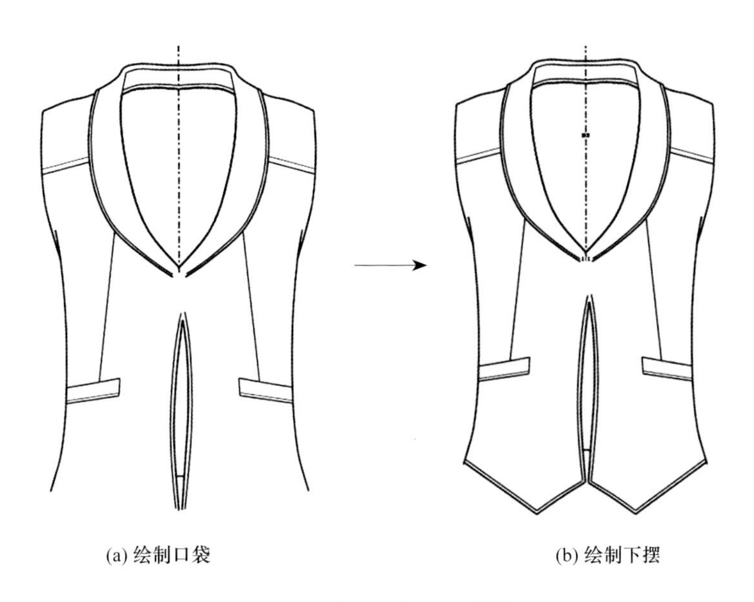

(a) 绘制口袋　　(b) 绘制下摆

图4–26　绘制口袋和下摆等

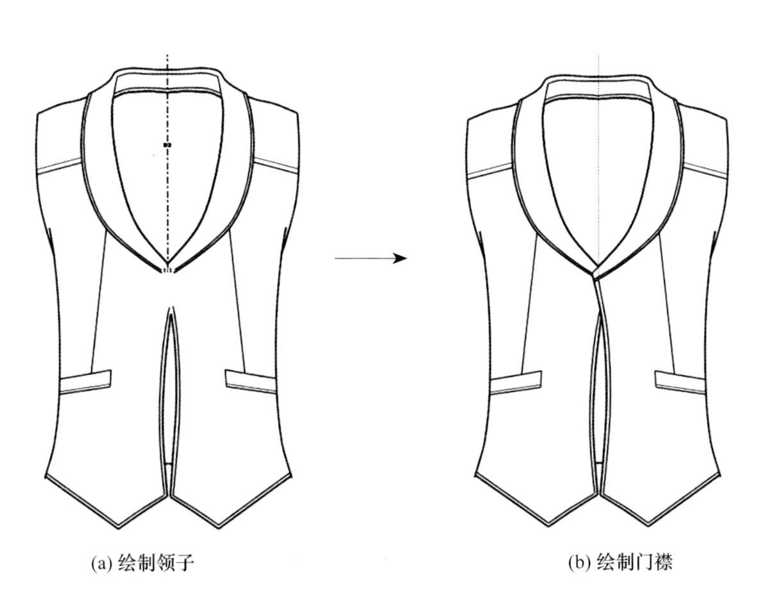

(a) 绘制领子　　(b) 绘制门襟

图4–27　完成马甲领子和门襟

6. **绘制扣眼**

使用【切线弧线】工具，绘制出扣眼形状。

单击【选择】工具，选择绘制出的扣眼，按住“Ctrl+Shift+D”，进行6次复制，将7个扣眼移动到大致位置上，按住“Shift”键的同时，选中7粒扣眼，单击鼠标右键，在弹出菜单中选择“对齐”中的“垂直”选项；继续单击右键，选择“分布”中的“垂直”选项；再次单击右键，选择“结合”；最后单击右键，选择“变形”中的“创建”选项，这时便形成了变形栅格，修改变形栅格，将扣眼位置及形态调整至最佳位置，完成扣眼的绘制（图4–28）。

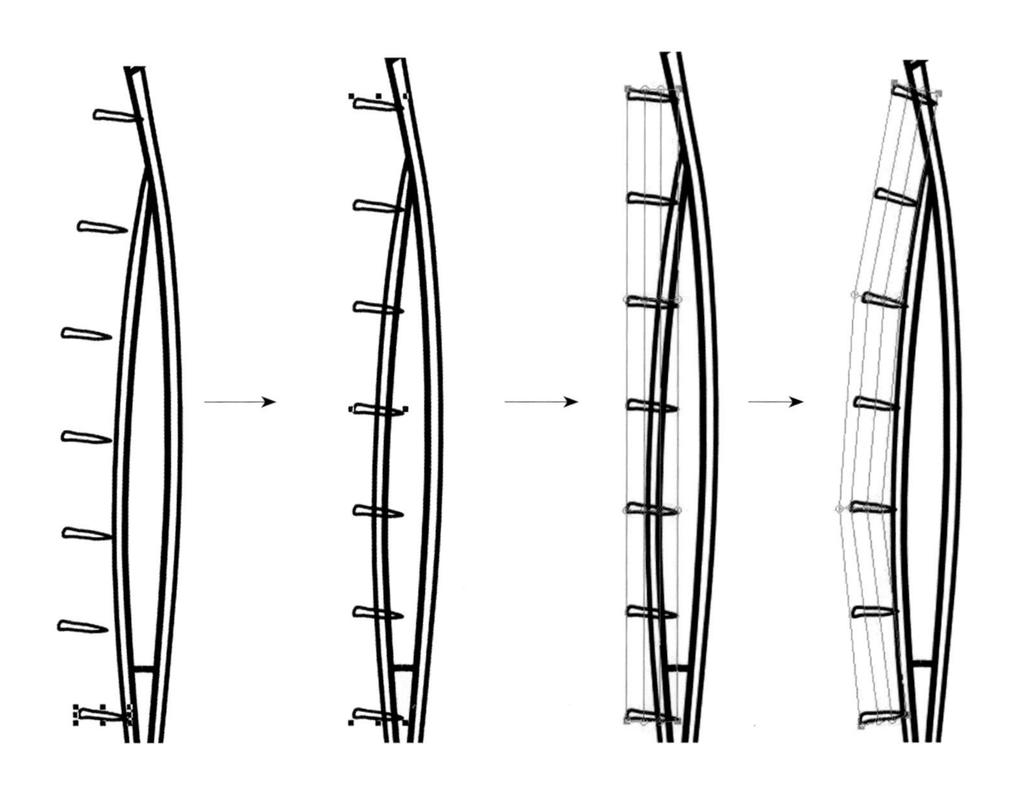

图4–28　绘制扣眼

7. **绘制纽扣**

选择【椭圆】工具，绘制纽扣形状，参照上步，绘制出纽扣。需要注意的是，第一粒纽扣要与第一粒扣眼位置平齐，最后一粒纽扣要与最后一粒扣眼位置平齐（图4–29）。

8. **着色**

单击提取区域工具，对马甲着色，完成绘制（图4–30）。保存文件。

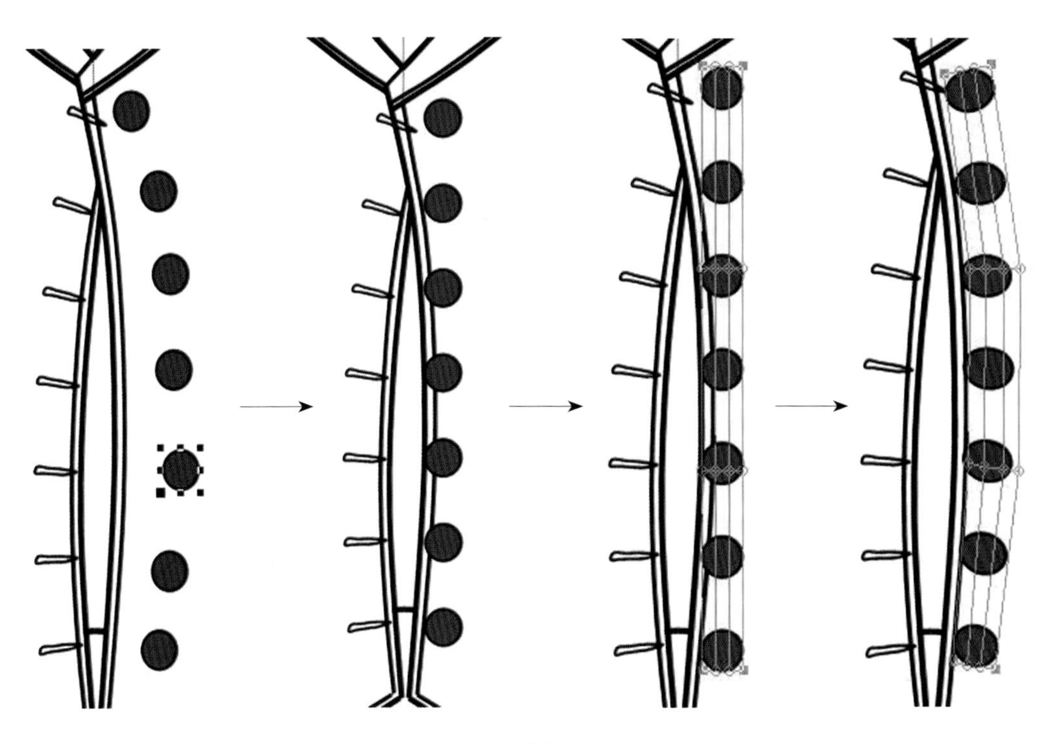

图4-29 绘制纽扣

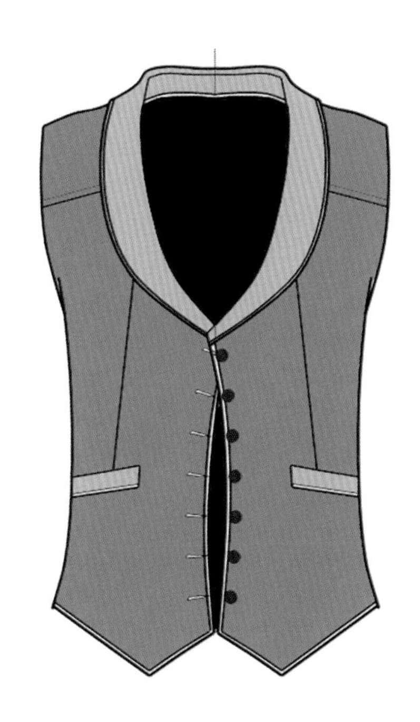

图4-30 马甲绘制完成

专业知识与应用方法——

Charse2000日升服装款式设计系统

课程名称： Charse2000日升服装款式设计系统

课程内容： 1. 系统概述。
2. 款式设计中心。
3. 面料设计中心。
4. 平面设计中心。

上课时数： 6课时

教学提示： 讲述Charse2000日升服装款式设计系统的主要功能与用法。本章重点讲述款式设计中心、面料设计中心、平面设计中心的主要工具与菜单功能，并通过实例较详细地讲述利用Charse2000日升服装款式设计系统进行服装设计的方法与技巧。

指导学生对第四章复习与作业进行交流和讲评，并布置本章作业。

教学要求： 1. 使学生了解Charse2000日升服装款式设计系统的主要功能与用法。
2. 使学生了解Charse2000日升服装款式设计系统款式设计中心的功能与操作方法。
3. 使学生了解Charse2000日升服装款式设计系统面料设计中心的功能与操作方法。
4. 使学生了解Charse2000日升服装款式设计系统平面设计中心的功能与操作方法。

复习与作业： 1. 简述Charse2000日升服装款式设计系统的主要功能。
2. 在款式设计中心创建一张具有立体效果的款式图。
3. 选择几张面料图像，并在面料设计中心创建面料。
4. 选择一张服装图片，在平面设计中心进行面料或颜色的更换。

第五章　Charse 2000日升服装款式设计系统

第一节　系统概述

Charse 2000日升服装款式设计系统包括款式设计中心、面料设计中心和平面设计中心三个模块。款式设计中心提供了设计服装效果图的功能，并借助曲面网格模拟服装的立体效果。该模块还提供了比较丰富的素材库，如模特库、面料库、服饰配件库等，从而有效地提高设计效率。面料设计中心可以进行各类面料的设计与编辑，如素色、印花、机织等。平面设计中心提供了比较实用的图像处理工具，实现服装图片的面料更换（立体贴图）、局部变形等功能。图5-1为日升服装款式设计系统主界面。

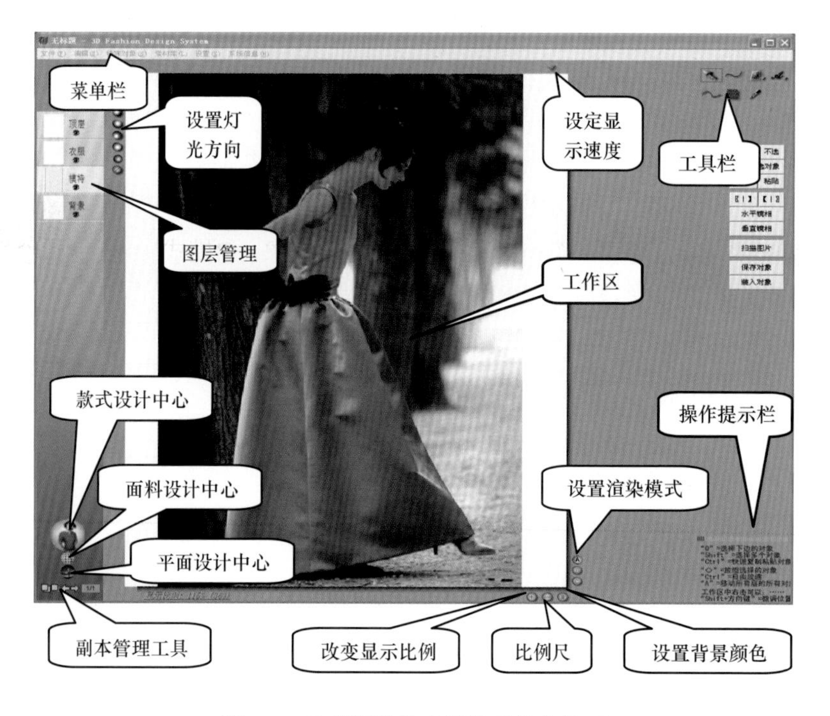

图5-1　日升服装款式设计系统主界面

一、设置灯光

为了使设计的服装具有三维的显示效果，首先必须对工作区的光源进行设置。光源的设置包括光源类型、颜色、位置、方向等，它们是产生阴影效果的必要属性。为了降低光源设置的复杂性，日升服装款式设计系统提供了5种光源方向，即：左上方灯光、左下方灯光、右上方灯光、右下方灯光和正面灯光（图5–2）。用户可以通过点击图灯光按钮来设置灯光类型。系统默认的是正面灯光，正面灯光的优点在于色彩保真度高。

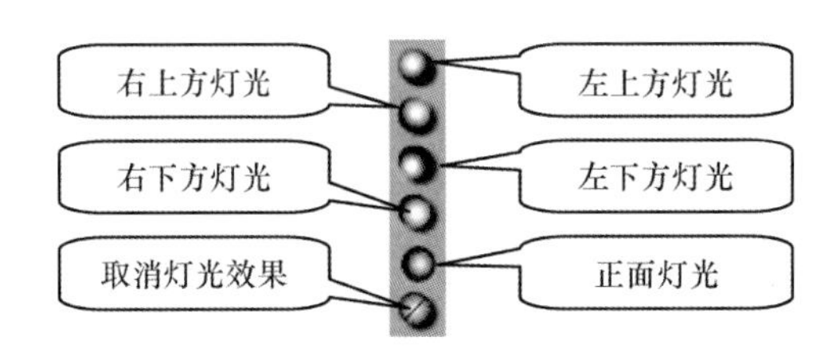

图5–2　灯光设置工具

二、设定显示速度

点击工作区右上角的“设定显示速度”按钮，弹出渲染精度选择菜单（图5–3）。渲染精度越高，运行速度越慢。所以在作复杂的设计时可以选择较低的渲染精度，以提高运行速度。等到设计完毕需要输出或打印的时候，再选择较高的渲染精度，这样输出或打印的效果会更好。

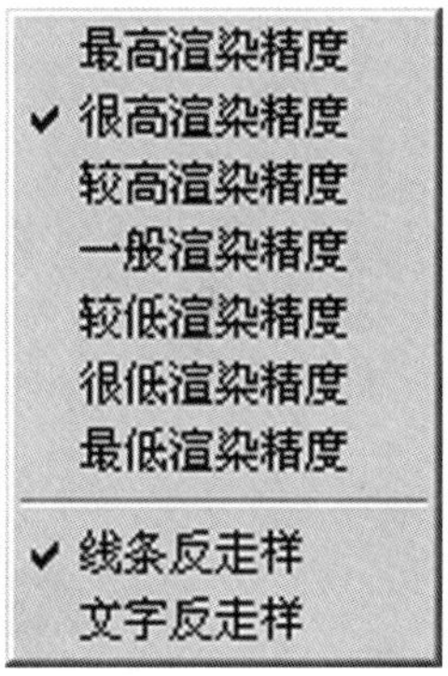

工作区右下角提供了渲染模式选择按钮（图5–4）。通过这三个按钮也可以设定显示速度。显示模式有三种，即A、B和C模式。其中A模式代表“精确渲染模式”，精确显示所有的对象；B模式代表“粗略渲染模式”，只精确显示选择的对象，其他对象则粗略显示；C模式代表“简单渲染模式”，只精确显示选择的对象，而其他对象只显示为线条框。

最高渲染精度
✔ 很高渲染精度
较高渲染精度
一般渲染精度
较低渲染精度
很低渲染精度
最低渲染精度
✔ 线条反走样
文字反走样

图5–3　设定显示速度菜单

图5–4　渲染模式设置按钮

三、改变显示比例和设置背景色

改变显示比例和设置背景色的按钮位于工作区的右下方（图5–5）。

1. 改变显示比例

点击“改变显示比例”按钮，并在工作区中单击鼠标左键或框选显示范围即可放大显示；也可以在工作区单击鼠标右键，通过弹出的菜单选择显示

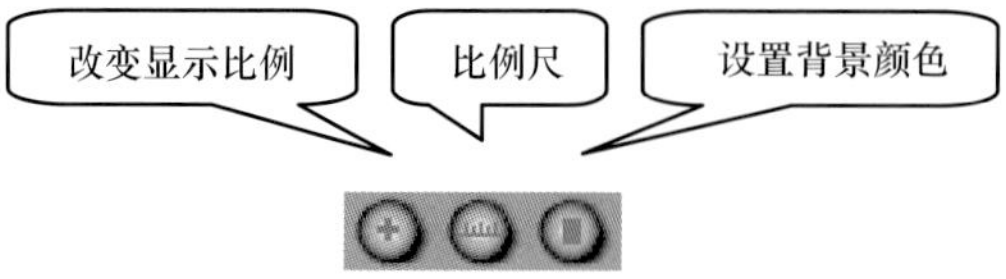

改变显示比例　比例尺　设置背景颜色

图5-5　设置显示比例和背景色按钮

比例，如缩小显示，即 1∶1、1∶2、1∶3等。此外，在服装设计过程中，还可以按照如下方法方便地改变显示比例。

①按键盘“1”键用于按照1∶1方式显示。

②按键盘“0”键用于根据窗口的尺寸自动调整显示比例。

③按键盘“+” 键用于扩大显示比例。

④按键盘“-” 键用于缩小显示比例。

⑤在按下“W”键的同时，可以使用鼠标在工作区中框选显示范围。

设计过程中，在任何工具之下，可以方便地滚动显示范围：

①按方向键用于滚动显示范围。

②按“Home”“End”“PgUp”“PgDn”键也用于滚动显示范围。

2. 设置背景颜色

设置背景颜色功能用于设置工作区的背景颜色，系统默认的背景颜色是白色。点击设置背景颜色按钮，系统弹出调色板（图5-6）。在调色板或通过潘东色卡来选择工作区的颜色。此外，也可以在设计工作区中选取喜欢的颜色作为背景色，参见“吸取颜色”工具。

3. 比例尺

利用比例尺功能，可以使服装与面料图案的大小保持正确的比例关系。点击“比例

图5-6　调色板

尺”按钮，工作区右侧出现比例尺参数选择面板（图5-7）。在工作区中按下鼠标左键、拖出模特的高度，然后在弹出的对话框中输入这个模特的实际身高，完成比例尺的设置。如果想重新设置比例尺，需在比例尺参数选择面板中，选择“定义比例”，然后重新在工作区中“拖出”模特的高度，并输入模特的实际身高即可。

图5-7 比例尺参数选择面板

当完成比例尺设置后，比例尺工具则转变为量度尺寸工具。只需用鼠标在需量度的部位拖出一条直线，比例尺参数选择面板中便会显示所测量的长度；如果需要把长度标注出来，只需先选定“标注长度”，然后再量出尺寸，系统便会显示一个对话框，修改对话框中的内容，最后按【确定】键，标注就完成了。

四、图层的应用

日升服装款式设计系统支持图层功能。图层的设置从上到下，在不同的图层中可以放置不同的设计对象，如上衣、裤子、配饰等。在作任何一层的设计修改时，都不会影响其他层的内容。图层管理面板位于工作区的左侧（见图5-1）。在任一图层工作区上点击鼠标，便可将该层设置为当前工作层，以后的一切操作均会在该层进行。在任一图层工作区上单击鼠标右键，弹出图层管理菜单（图5-8），可根据需要，对图层进行处理。如添加图层、删除图层、上移图层、下移图层、改变图层的名字（设置该层）等。此外，单击图层管理面板中眼睛的图标，可以隐藏/显示该图层。

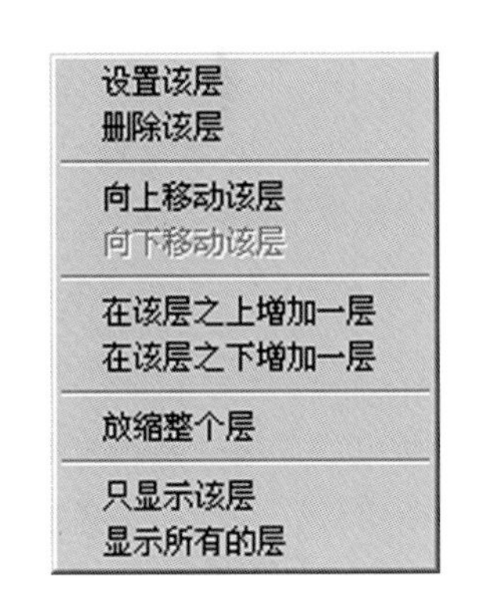

图5-8 图层管理菜单

五、素材库

日升服装款式设计系统提供了比较丰富的素材库。通过菜单“素材库(L)”，可以根据需要在各级子菜单中选择需要的素材。选择好素材库后，当鼠标移动到屏幕最下侧时，将会出现“素材库面板”，可从中将所需要的素材直接拖至工作区中使用。

第二节 款式设计中心

款式设计中心是日升服装款式设计系统重要的模块，它提供了比较丰富的设计工具，能够进行服装款式的阴影、褶皱、花边、配饰等的设计。该模块采用分层设计的概念，可将背影、模特、各件服装等分别放在不同的层，使对象的编辑更加方便、灵活。在款式

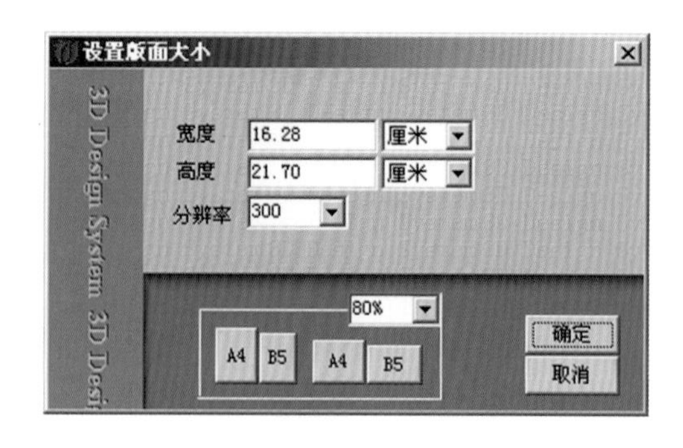

图5-9 版面大小设置窗口

设计中心，完成服装款式设计后，还可以利用素材库，方便、快捷地进行各种色彩及面料的搭配。

在进行设计之前，需要通过菜单“文件”——“版面大小”，设置工作区的尺寸及分辨率（图5-9）。完成设置后，根据需要，可以从素材库中选择模特并将其拖至工作区中，供服装设计使用。

一、款式设计中心工具介绍

款式设计中心提供的工具包括选择编辑对象、线条、曲面、花边、面料和文字等。每选择一种工具，在工作区右下方的操作提示栏便会出现该工具的操作提示，方便设计人员使用。下面将对这些工具按功能分类进行详细介绍。

1. 选择编辑对象

【选择编辑对象】工具 主要用于选择、缩放、旋转对象（曲面、曲线、部件、文字标注、花边等），操作方法如下。

①选择对象：在目标对象上点击鼠标左键即可选择该对象。如果有几个对象叠放在一起，可以按下“Q”键，在叠放的对象上反复单击鼠标左键，直到选到所期望的对象。

②移动对象：选择目标对象后，直接拖动对象即可。按下“A”键的同时移动对象，则所有层的所有对象都一起移动。若要微调对象位置，可以按下“Shift”键，再按方向键“←”“→”“↑”和“↓”即可。

③选择多个对象：按住“Shift”键，依次单击所要选择的对象；也可以用鼠标在工作区框选多个对象。此外，按“Ctrl + A”键，可以选择本层中的所有对象。

④删除对象：选择目标对象后，按“Delete”键。选择对象后，还可使用工作区右侧的命令按钮，实现对象的镜像、保存等操作。此外，选择对象后，在工作区中单击鼠标右键，系统会弹出功能子菜单，用于实现对象的层内、层间的移动、保存及缩放显示等功能。

⑤旋转对象：选择目标对象后，将鼠标放在选择框的一角，鼠标光标变为旋转光标时，按住鼠标左键拖动来旋转对象。

⑥缩放对象：选择目标对象后，将鼠标放在选择框的一角，鼠标光标变为缩放光标时，按住鼠标左键拖动，则目标对象会保持其原有的纵横比例缩放；按住Ctrl键时可进行自由缩放。此外，通过鼠标中间的滚轮或按“>”或“<”键也可以实现放缩。

2. 曲线的创建与编辑

【创建曲线】工具 用于绘制平面结构图或各种缝纫线迹。单击【创建曲线】工具按钮后，在工具栏的下方会出现曲线属性设置面板，其中包括曲线类型、线宽、线条颜色以及透明度等。曲线类型中除了一些常用线迹外，还包括以下三种特殊线型：

①辅助线：在大多数情况下是隐藏起来的，在打印、输出时也会隐藏起来。辅助线的用途在于将来可以用它围成曲面，参照“新建曲面”部分。

②柳叶线：不同的位置宽度可以自由调整的曲线。一般是先画好曲线，然后再利用【修改曲线】工具修改宽度。使用柳叶线可以在平面曲线图中创造出表现褶皱的很好的设计效果。

③自定义线形：用户自己定义的线形。

曲线属性设置完成后，就可以在工作区中绘制线形了。绘制折线时，只需在工作区的相应位置单击鼠标左键，逐点绘制。按下“Ctrl”键时，线段将是水平或垂直的。最后双击鼠标左键或按回车键完成。绘制曲线时，需要在按下鼠标左键后拖动鼠标产生曲线的控制柄（图5-10），控制柄的方向及长短决定了曲线的形状。拖动鼠标调节当前曲线段的形状直到满意，逐点绘制曲线，最后双击鼠标左键或按回车键完成。需要注意的是在绘制曲线时，控制柄不要拖得太远，否则容易使曲线段变形，一般不要超过下一段曲线的一半。绘制曲线的方法与Photoshop描绘Path的方法类似，可以用较少的点绘制出复杂的形状。当一条线上同时存在折线和曲线时，按下“Z”键的同时绘制曲线段，可使其与上一个曲线段的衔接处尖角化；按下“S”键的同时绘制曲线段，可使其与上一个曲线段的衔接处光滑。在曲线绘制完成后，可利用素材库中的色卡（按下“F2”键即可调出色卡），拖拽色卡中的颜色到曲线上来改变颜色。

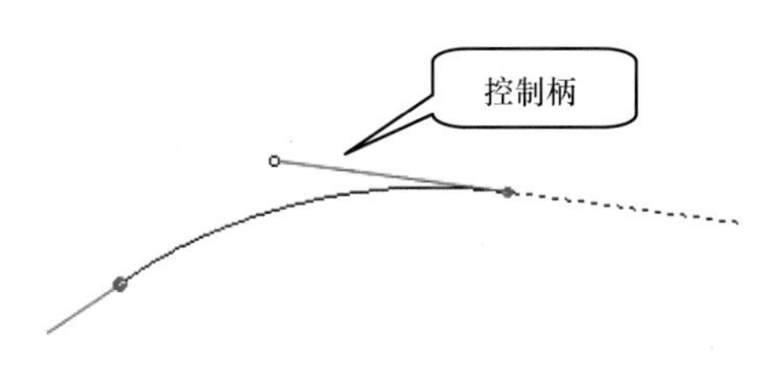

图5-10 绘制曲线调节控制柄

【修改曲线】工具 用于调整曲线的形状。通常情况下，【修改曲线】工具是不会出现在工具栏中。当完成一条曲线的绘制或利用【选择编辑对象】工具选中要修改的曲线后，该工具按钮才会出现。此时可以单击【修改曲线】工具，在工作区中用鼠标拖动红色圆点，修改曲线点位置。当用鼠标单击曲线段时，曲线的控制柄将会出现，用鼠标拖动控制柄的端点，调整控制柄的长度和方向来修改曲线的曲度。按住“Z”键并拖动控制柄，可使曲线段的衔接处尖角化；按住“S”键并拖动控制柄，可使曲线段的衔接处曲线化；按住“Space”键并单击曲线时，此时的鼠标光标变为“*”形式，可在曲线上增加点；按住“Alt”键并单击曲线上的点，此时的鼠标光标变为“╳”形式，可删除曲线上的点。其他操作方法与【创建曲线】工具相同。

3. 曲面的创建及编辑

【新建曲面】工具 用于创建服装的衣片或部件。曲面的创建及编辑是款式设计中心的基础。在本模块中，大多数服装衣片或部件都是作为曲面来创建的，因为实际服装的物理形状也的确是空间曲面。

服装衣片的设计通常经过以下4步：①利用【新建曲面】工具 设计衣片轮廓。②利用【修改曲面的边界】工具对设计完成的衣片轮廓进行调整。③曲面网格是衣片产生阴影并保证面料贴图正确的关键。对于每个新创建的曲面，系统均会自动为其产生一个矩形网格。根据设计需要，可以利用【放缩曲面的网格】工具对网格进行缩放及旋转等操作，使网格与其所对应的衣片面料的织纹基本一致。④自动产生的矩形网格是平面的或只有简单的立体效果，没有真正意义的褶皱和比较真实的阴影。利用【修改曲面的形状】工具调整网格的形态，使网格线与构成衣片织物的经、纬纱方向一致，同时拉出网格的立体效果。

【新建曲面】工具绘制衣片的基本操作方法与【创建曲线】工具相同，只是绘制衣片时，最后一点必须与第一点相重合，以确保衣片为一闭合曲面。为了提高设计效率，款式设计中心还提供了两种比较方便绘制衣片边界的方法：①当已绘制完成的衣片或曲线段正好与将要绘制的衣片边界相同时，可以按下“Shift”键，用鼠标左键点击选取线条即可。此操作要求在同一层内进行，不能选取非当前层的衣片或曲线段。②按下“Alt”键的同时，在辅助线围成的范围的中央点击鼠标左键，将自动围成曲面。此操作要求在各辅助线必须首尾相接，不可相交，否则将无法生成曲面。

通常情况下，【修改曲面的边界】工具、【放缩曲面的网格】工具、【修改曲面的形状】工具和【修改曲面边缘阴影】工具是不出现在工具栏中的，只有选择了一个曲面对象后，这4个工具按钮才会显示在工具栏中。

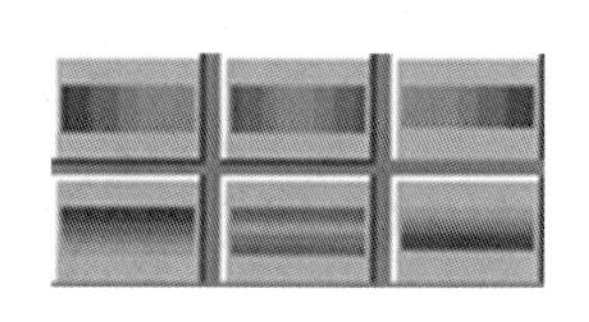

图5-11 简单立体效果工具按钮

【修改曲面的边界】工具的操作方法与【修改曲线】工具相同。【放缩曲面的网格】工具的操作十分简单，只需用鼠标拖动网格的角或边线即可进行放缩、移动和旋转操作。当选择【放缩曲面的网格】工具后，在工具栏下方，会出现可以产生简单立体效果的工具按钮（图5-11），在其中选择一种与实际要求比较接近的立体效果后，再利用【修改曲面的形状】工具细致地调整。

利用【修改曲面的形状】工具可以很细致地编辑网格，以达到塑造曲面立体造型的目的。在曲面被选中的状态下，点击【修改曲面的形状】工具，网格线便出现在曲面上。初次生成的网格只是一个矩形，只能对边界外形进行调整。由于服装造型的复杂性，需要在网格起伏变化的地方增加分割线才能满足塑造复杂曲面造型的要求。按住“Space”键并点击网格边线，便可在网格被点击处增加一条网格分割线。通过调整服装衣片的边界线及分割线的形状，最终使网格线与衣片面料的经、纬纱实际走向相一致（图5-12）。需要提示的是在调整服装衣片的边界线及分割线时，请不要将工具栏下方的“显示表示高度的曲线”勾选（图5-13）。

【修改曲面的形状】工具还包含立体编辑模式，在立体编辑模式下能够修改曲面的立体形状和空间感。勾选图5-13中的“显示表示高度的曲线”，可以进行立体编辑模式。在此模式下，当点击网格线时，会出现该曲线段的红色高度线，随着调节每条网格线的高度线，将服装的立体感塑造出来（图5-14）。如果希望立即看到填充面料的效果，只需从素

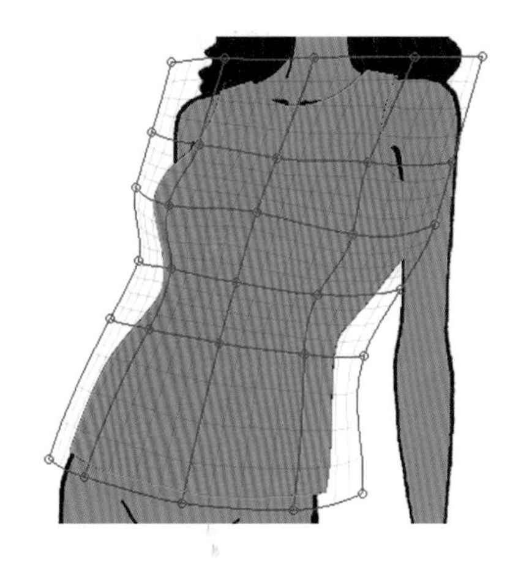

图5-12 曲面网格形态调整

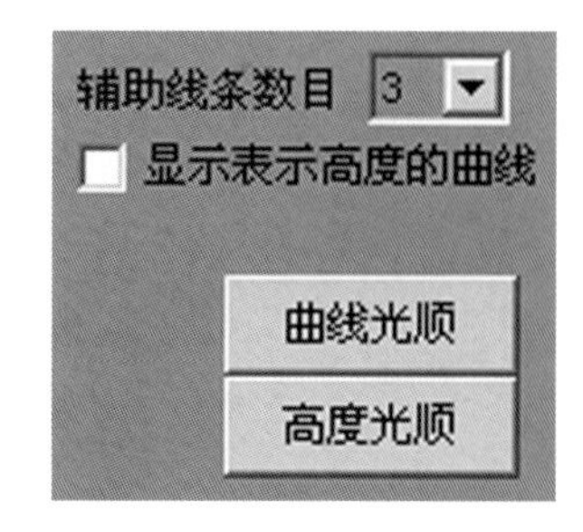

图5-13 显示表示高度的曲线

材库中拖拽面料进工作区即可。单击鼠标右键，在弹出的菜单中选择“保存网格到网格库中”，可将满意的网格保存起来，方便以后设计时引用。

【新建曲面】工具是一组工具，款式设计中心模块还提供了几个比较特殊的曲面或部件的绘制功能。点击【新建曲面】工具按钮右下侧的小三角，系统会弹出其他几种曲面或部件的绘制工具，其中包括【新建对称曲面】工具、【新建特殊曲面】工具及【常用部件】工具，这3个工具操作简单，这里就不介绍了。

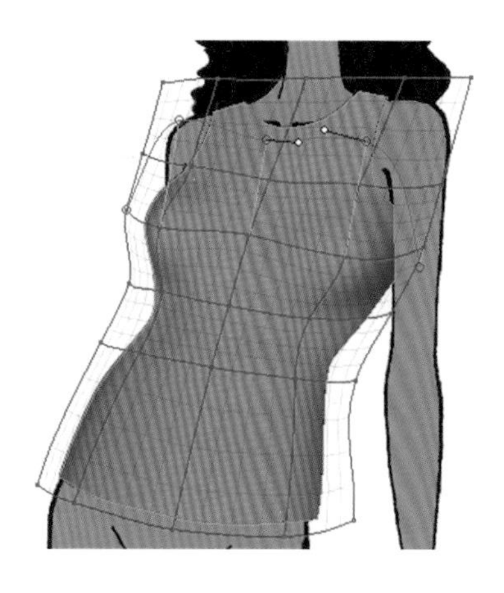

图5-14 曲面网格高度线调整

如果设计具有镂空效果的衣片，需要用到【定义剪裁范围】工具。点击【修改曲面的边界】工具右下侧的小三角，系统便会弹出【定义剪裁范围】工具。该工具的操作方法是：先在工具栏下方的选项栏中选择镂空方式（图5-15）。勾选“内部镂空（不可见）”，然后在曲面中绘制镂空范围，绘制方法与创建曲面相同。若想修改镂空形状，也可利用【修改曲面的边界】工具来实现。

新的剪裁范围:
- 内部可见
- 内部镂空(不可见)

图5-15 镂空方式选择

4. **曲面边缘阴影的创建与修改**

【修改曲面边缘阴影】工具用于创建并修改曲面边缘的阴影效果。在工作区中选择衣片后，点击此工具，首先在工具栏下方的选项栏中选择阴影选项（图5-16）。

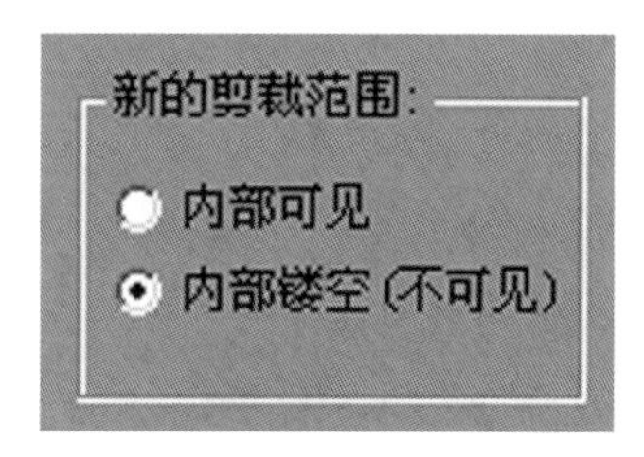

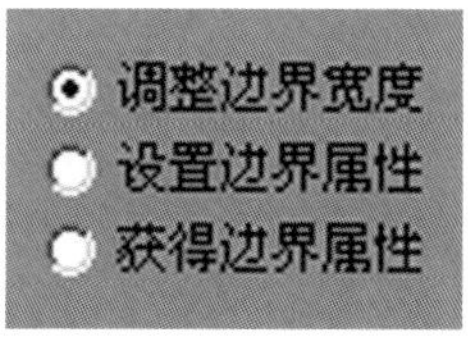

图5-16 修改曲面边界阴影选项

①选择“调整边界宽度”，此时曲面周围会显示出

许多小圆点。按住鼠标左键拖动小圆点即可调节小圆点两侧线段的阴影宽度。在小圆点处双击鼠标左键，小圆点两侧线段的阴影宽度将变为0。当按住“Shift”键拖动小圆点时，整个曲面的边界阴影宽度将同时被修改。按住“Shift”键，双击小圆点，整个曲面的边界阴影宽度将均变为0。

②选择“设置边界属性”，设置边界颜色及其二维三维属性，然后点击曲面边缘的小圆点，设置即可生效。

③选择“获得边界属性”，用于获得已完成的曲面边缘阴影属性的工具。其操作方法是利用鼠标点击曲面边缘的小圆点，即可获得该曲面的边界阴影的属性。

5. **文字的创建与编辑**

【新建文字】工具用于新建各种颜色、字号、字型的文字。新建文字的方法很简单，选择【新建文字】工具后，在工作区中希望输入文字的位置单击鼠标左键，系统会弹出输入文字的对话框（图5-17），选择好字体、样式和字号后，在文本框输入文字即可。

新建文字后，可以对文字进行编辑，如：可以从色卡中拖颜色到文字上修改文字颜色；可以拖动文字四周的小矩形框对文字进行缩放和旋转；可以拖文字进行移动；还可以在文字上单击鼠标左键，系统将重新弹出文字输入对话框，对文字进行修改。如果希望输入多行文字，输完一行后，按“Ctrl”+“Enter”键即可进入下一行继续输入。

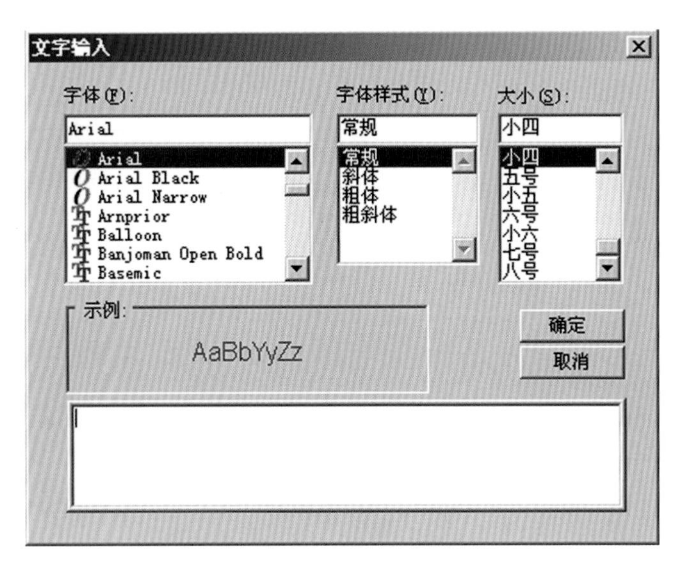

图5-17 文字输入对话框

在新建完文字之后，工具栏中会自动出现【修改文字】工具，【修改文字】工具可以用于修改先前所建立的文字。选择【修改文字】工具，在工作区点击希望修改的文字，系统会弹出一个输入文字的对话框，在对话框里进行文字修改。

【新建文字】工具是一组工具，点击【新建文字】工具按钮右下侧的小三角，系统会弹出显示出另一个文字工具——【新建标注】工具。在工作区中需要标注的位置点击鼠标左键，然后移动鼠标到需要文字标示的地方再点击鼠标左键，系统将显示定义标注文字对话框，输入文字即可。该工具的其他操作方法与【新建文字】工具相同。

6. **新建花边、纽带**

【新建花边、纽带】工具用于新建花边或纽带。花边和纽带本质上是一种特殊的曲面。选择【新建花边、纽带】工具，首先在工作区中以绘制曲线的方法描绘一条花边曲线，然后按回车键或双击鼠标左键结束花边形状的定义；此时开始花边宽度的定义，移动鼠标，可以看到有一个直线段随着鼠标的移动而变化，这个直线段就是花边的宽度，点击鼠标左键，确定花边的宽度，完成花边设计。

设计好花边后，采用与曲面相同的方法所设计的花边立即产生立体效果，即在工作区中单击鼠标右键，在系统弹出的菜单中选择需要的立体效果。一般情况下，这是一种比较简单快捷的产生立体感的方法。如果花边的立体结构比较复杂，上述方法无法产生满意的立体效果时，可以选择【修改曲面的形状】工具，按照修改曲面的方法调整花边，直至满意。

刚设计完成的花边与曲面一样，其内部是用纯色直接填充的。可以从素材库中拖面料或者花边图案过来即可。花边的设计过程如图5-18所示。如果希望调整花边图案的大小，可以滚动鼠标中间的滚轮，或者通过工具栏下的【花边图案放缩】滚动杆也可以改变花边图案的大小。

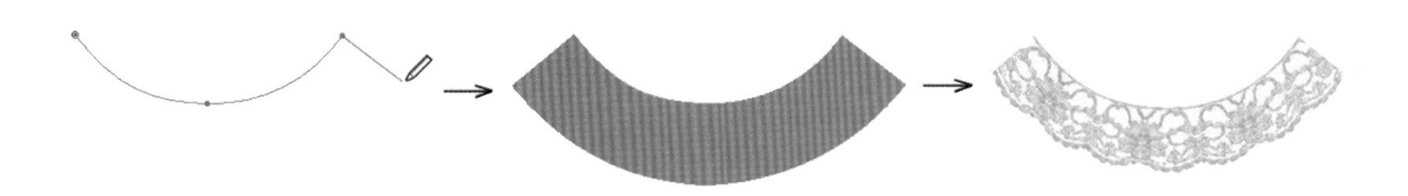

图5-18　花边设计过程

花边设计完成并填充图案后，如果图案方向反了，此时可以在【新建花边、纽带】工具状态下在工作区点击鼠标右键，在系统弹出的菜单中选择 “翻转花边图案”实现图案的翻转（图5-19）。此外，菜单命令“图案贴近另外一边”用于将花边图案靠近花边曲面的另一边沿贴图（图5-20）。图5-20中的虚线是花边设计时的花边曲面的上边缘，执行此命令后，花边图案则变为沿花边曲面的下边缘贴图。

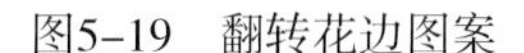

图5-19　翻转花边图案

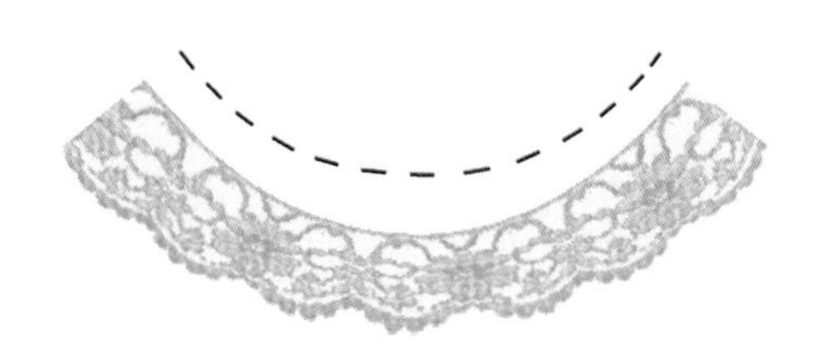

图5-20　图案贴近另外一边

7. 选择面料

【选择面料】工具▦用于设置曲面的填充颜色或面料。在该工具下，可以看到设计过程中已调入的颜色和面料。

（1）建立面料

款式设计中心运行时，系统默认创建的第一块面料为一粉红色的色块，在没有改变该色块之前，设计师所设计的曲面均默认以此色填充。在款式设计中心建立面料，可以通过以下3种方法：

①在【选择面料】状态下，用鼠标点击工作区右侧面料列下方的【新建】命令按钮，即可新增一纯色块，色块颜色为系统默认的粉色红，可根据需要对颜色进行修改。

②在【选择面料】状态下，用鼠标将素材库中的面料或色卡中颜色块拖至工作区右侧面料列下方的“新建”命令按钮上。

③鼠标双击素材库中的面料图标或色卡中颜色块，系统弹出信息框（图5–21），按【确定】键，即可在系统中增加您所拖来的面料或颜色。

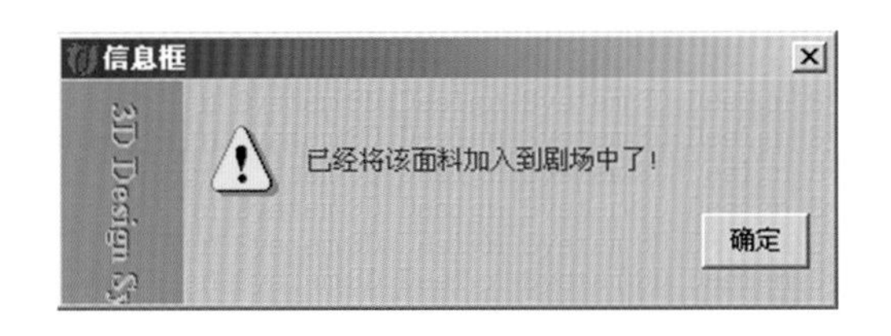

图5–21　面料加入系统信息框

（2）编辑面料

①对于面料列表中不需要的面料或颜色，在该面料块上单击鼠标右键，在弹出的菜单中选择“删除”即可。

②在【选择面料】状态下，利用鼠标将素材库中的面料或色卡中颜色块拖至工作区右侧面料列中的某一面料上，可替换原来的面料或颜色。如果所替换的面料是面料列表的第一块面料或颜色，则以后所创建的曲面均以此面料或颜色填充。当某一面料或颜色已用于工作区中的某些曲面时，本次替换操作也会使这些曲面的填充面料或颜色同时被改变。

③ 如果希望修改面料列表中的某一面料或颜色，可以双击该面料或色块，或者用鼠标单击主界面左下角的“面料设计中心”按钮▦，系统进入“面料设计中心”进行面料的编辑, 具体方法请参见本章第三节“面料设计中心”。编辑完成后，点击左下角的“款式设计中心”按钮▦返回“款式设计中心”。

（3）选择已调入的面料或颜色填充曲面

为曲面选取面料，首先利用【选择对象】工具选中曲面，再进入【选择面料】工具，把面料或颜色块拖到曲面上即可。

由此可见，将面料应用到曲面上有两种方法：一是直接从素材库拖面料到曲面上；二是在本工具下从面料列表中拖面料到曲面上。这两种方法的区别是：前者使用的面料属于私有的，如果这个面料发生改变，只影响到使用它的一个曲面；而后者则是公有的，如果这个面料发生改变，将影响到所有使用它的曲面。使用公有面料有利于将来的款式维护工作。

（4）面料填充曲面后的调整

①图案大小的调整：把面料贴到曲面上之后，可以滚动鼠标上的中轮，很方便地放缩面料图案的大小。

②贴图位置的调整：按下“Shift”键的同时，利用鼠标在曲面上拖动，可以调整面料图案在曲面（服装）上的位置。

（5）曲面的自动配色

选择曲面后再进入【选择面料】工具，在面料列下方将会出现【自动配色】按钮，按下此按钮，可以为选中的曲面自动配色。款式设计中心提供3种自动配色方式：按照系统中的面料（工具栏下方的面料列）、按照素材库中的面料（当前素材库中的面料）和按照纯色，时间间隔为从1秒至8秒。如果希望按照素材库中的面料“自动配色”，必须先将素材库选择为希望使用的面料库。

8. 放缩、旋转面料

【放缩、旋转面料】工具可用于面料图案的放缩和旋转。在该工具下，有多种参数可以调节（图5-22）。修改这些参数后，按确认键完成。在【放缩、旋转面料】工具状态下，与【选择面料】工具一样，按住“Shift”键，在曲面上拖动，可以调整面料图案在曲面（服装）上的位置，滚动鼠标的中轮可以很方便地放缩面料图案。

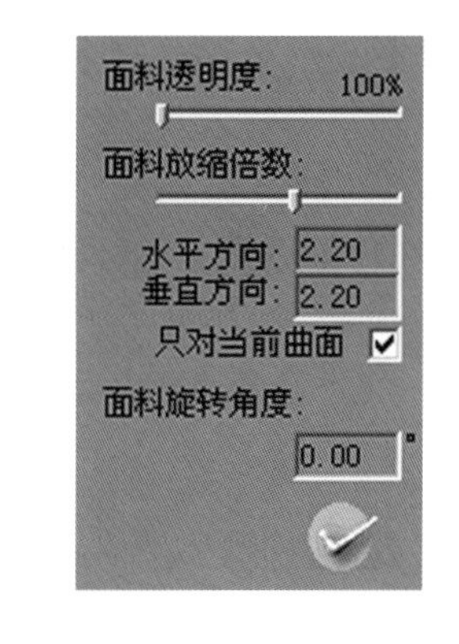

图5-22 放缩、旋转面料参数

9. 选取颜色

【选取颜色】工具用于吸取工作区中的颜色、局部打印、局部输出、局部复制等。

吸取工作区中颜色的方法：在工作区中，单击鼠标左键，系统弹出菜单（图5-23），菜单中有多个菜单项，可以根据需要，选择相应的菜单命令。

（1）作为保留颜色备用

“作为保留颜色备用”是指将该颜色保留在系统的“保留色卡”中，供以后调用。“保留色卡”可以保存起来，方便以后进行设计时随时调入和使用。如果希望保存“保留颜色”，只需简单地在色块上点击鼠标右键，弹出菜单选择相应的命令即可。

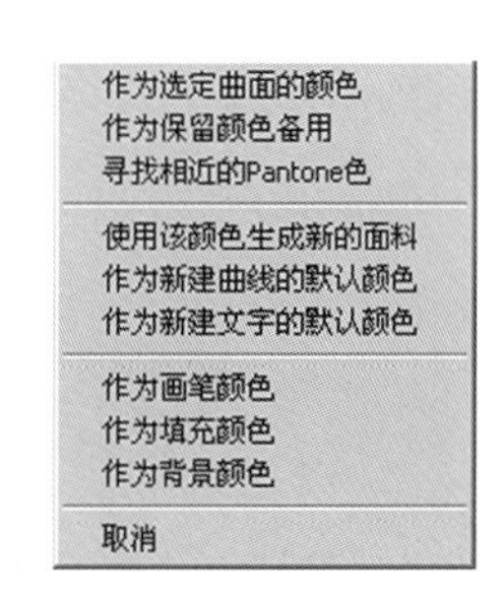

图5-23 选取颜色菜单

（2）在工作区中的指定矩形范围新建面料

利用【选取颜色】工具，在工作区中按下“Shift”键的同时，用鼠标在工作区中拖出一个矩形范围，系统会弹出一个菜单，问是否形成一个新面料，选择“是”后，即生成新面料。

（3）定义克隆位置和克隆图案

利用【选取颜色】工具，在工作区中按下“Alt”键的同时，用鼠标在工作区中点击，或者拖出一个矩形范围，即可定义克隆位置或克隆图案。定义了克隆位置和克隆图案之后，就可以使用平面设计中心与面料设计中心下的【克隆笔】工具复制图案了。

（4）局部打印、局部输出、局部复制

在工作区中，在按下“Ctrl”键的同时，用鼠标在工作区中拖出一个矩形范围，在弹出的菜单中选择“打印”“输出”“复制”等命令。如果选择“复制”命令，可以将其粘贴至Photoshop或Word中使用。复制后可以粘贴（“Ctrl + V”）回来形成一个画板。

二、款式设计中心的应用

款式设计中心采用分层设计的概念，系统默认状态包含4层，即顶层、衣服、模特和背景。若要编辑某个层中的对象，必须选中该层。在层的缩览图上单击鼠标右键，则弹出层编辑菜单，可以对层进行命名、增加层、删除层、移动层等操作。

1. 设置版面尺寸

选择菜单“文件”——“版面大小”，系统弹出版面设置对话窗（图5-24），用户可以设置版面尺寸、分辨率以及纸张大小等参数，按【确定】键设置完成。

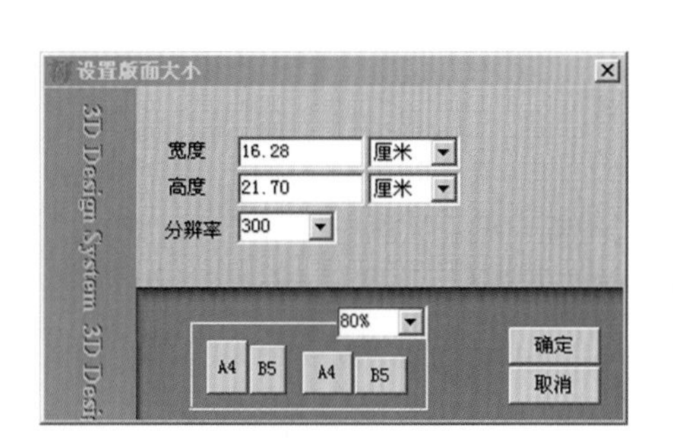

图5-24 版面设置对话窗

2. 设置背景颜色

单击工作区右下角的【设置背景颜色】按钮，弹出调色板对话框，设置背景颜色。一般情况下，背景色可使用系统默认的白色。当然，背景颜色也可以在完成服装设计工作之后再设置。

3. 设置背景

为了丰富设计效果，可以将位图作为背景。设置背景的方法是：选择“背景”层，在素材库中选择“背景”页，在背景图片中选择合适的背景，并拖入工作区。背景图也可以在完成服装设计工作之后再设置。

进行款式设计时，应该养成分层设计的习惯，将不同类别的对象放置在不同的层中，方便后续编辑和修改。

4. 调用模特

调用模特的方法是：选择菜单“素材库”——“模特”——“平面模特”，将鼠标移到屏幕下方，即可看到模特素材库如图5-25所示。

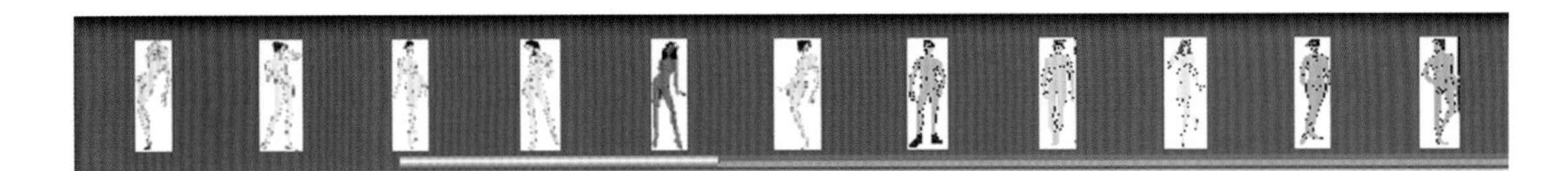

图5-25　平面模特素材库

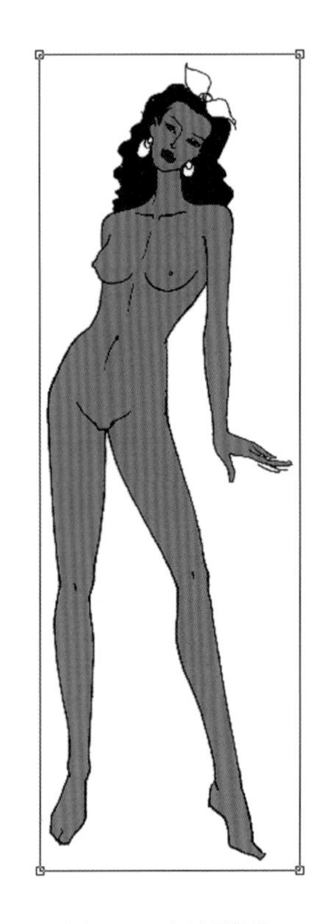

图5-26　调用模特

选择“模特”层，将一平面模特拖入工作区，并在工作区中调整模特的尺寸和方向。在工作区中，拖动模特的中间位置，可以移动模特；拖动模特图框的边角小方块，可以缩放、旋转模特图形（图5-26）。

5. **绘制衣片**

选择“衣服”层，为了方便绘制衣片，可以局部放大显示。然后，选择【新建曲面】工具，绘制衣片轮廓。当曲面封闭时，衣片被填充以系统默认颜色。选中该曲面，选择【修改曲面边界】工具，对所设计的衣片边界进行调整，直至满意（图5-27）。

6. **设计网格**

选中图5-27中的衣片，选择【放缩曲面的网格】工具，对系统默认产生的矩形曲面网格进行大小和方向的调整，使其与衣片的经、纬纱方向基本一致（图5-28）。选择【修改曲面的形状】工具，并将工具栏下方的复选框“显示表示高度的曲线”设为非勾选状态。根据服装的曲线形态，对曲面网格进行分割，然后进一步调整网格形态，使网格线与衣片的经、纬纱方向基本一致（图5-29）。

图5-27　设计衣片

图5-28　放缩、旋转曲面的网格

将工具栏下方的复选框“显示表示高度的曲线”设为勾选状态，调整衣片各截面的高度线（图5-30）。最终产生服装的三维立体效果（图5-31）。款式设计中心素材库提供“褶皱”，因此，衣片的某些部位褶皱可以利用素材库中的“褶皱”实现，方便设计。

图5-29 网格的分割与调整

图5-30 调整衣片的高度线

7. 设置衣片边缘阴影

选中图5-27中的衣片，选择【修改曲面边缘阴影】工具，按照工具选项栏设置阴影的宽度和边界属性。当然，并不是所有衣片都需要设置衣片边缘阴影，该步操作需根据实际情况而定。

8. 更换面料

选择素材库——面料——印花布，屏幕下方出现印花面料。选中衣片，将某一面料拖至衣片上，则衣片被面料填充，并具有一定立体效果（图5-32）。

图5-31 最终的立体效果

图5-32 更换面料

9. 补充

根据需要，可以重复1～8的操作步骤，为模特设计出一套完整的服装。此外，还可以从素材库中为模特选择添加配饰。最后保存。

第三节　面料设计中心

一、面料设计中心概述

面料是服装设计的重要组成部分。面料设计中心不仅能够设计出全新的单色面料、梭织面料、印花面料，而且还能够通过扫描使用已有的各种面料，进行编辑修改，在已有面料的基础上创建新的面料。在面料设计中心，设计师可以随意创作、设计，编辑修改各种花式、纹样、质感、材质、颜色的面料，为设计师提供帮助。

1. 进入面料设计中心

进入面料设计中心有以下两种方法：

①单击屏幕左下角的“面料设计中心”按钮，进入面料设计中心。

②在款式设计中心的【选择面料】工具状态下，双击面料列表中的面料块也可进入面料设计中心，对当前选择的面料进行编辑。

进入“面料设计中心”后，系统工作区将显示为待编辑的面料。

2. 建立面料的基本方法

在面料列表中默认只包含一块粉红色面料，该面料在被修改之前，是曲面的默认填充色。面料设计中心新建、修改面料的方法有以下6种：

①在【选择面料】工具状态下，用鼠标单击面料列表下方的“新建”按钮，即可新增一个色块面料。根据需要再对其进行设计与修改。

②在【选择面料】工具状态下，利用鼠标将素材库中的面料或者色卡中的颜色拖至面料列表下方的“新建”按钮上，即在系统中增加了用户拖来的面料或者颜色块。

③利用鼠标将素材库中的位图、面料或者色卡中颜色拖至工作区中，即替换了正在编辑的面料。

④在【选择面料】工具状态下，利用鼠标右键单击工具栏下方面料列表中的某一块面料，在弹出的菜单中选择“扫描面料”命令，即可扫描一个面料。

⑤粘贴位图（在粘贴前需要先复制位图）。

⑥利用鼠标双击素材库中所选的位图、面料，弹出增加面料对话窗，确定后即可在面料列表中添加你所点击的面料。

3. 图层的应用

面料设计中心的图层用法和款式设计中心中的图层用法是一样的。各图层可以显示、隐藏，也可以拖动层的图标，上下移动层。在层的图标上单击鼠标右键，系统弹出菜单，通过菜单可以进行新增层、删除层、修改层的名称等动作。各层的颜色、透明度、硬度均可单独设置修改。

4. 面料质感的建立

在现有的图层上新增一个图层，然后从素材库——面料——材质中拖材质到工作区，即可看到加入材质（布纹）后的面料效果。

二、面料设计中心工具介绍

编辑不同类型的面料，面料设计中心的工具栏有所不同。当前面料为颜色面料时，工具栏如图5-33所示；当前面料为图案时，工具栏则如图5-34所示。下面对工具栏中的主要工具分类进行介绍。

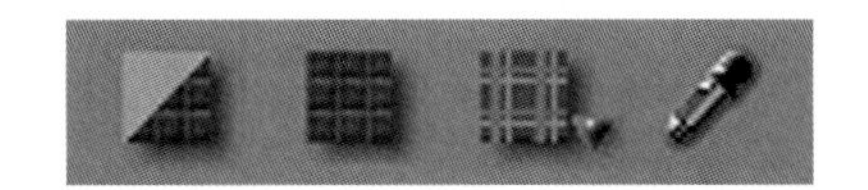

图5-33　颜色面料工具栏

图5-34　图案面料工具栏

1. 设置指定的印染层

【设置指定的印染层】工具用于设置和修改各印染层的属性，如：面料的质材、花饰、颜色等。在刚进入面料设计中心时，图层管理中只有一个层。单击【设置指定的印染层】工具，进入该工具。

印染层分为3种类型：即颜色层（单色层）、位图层和阴影层。颜色层用来描述纯色（单色）面料；位图层用于描述印染图案等；阴影层用于描述织物的质感和结构等。在【设置指定的印染层】工具下，有三个命令按钮，分别用于设置当前层的属性。按【实色】按钮，会将当前层设置为实色，即单纯的颜色层，并弹出颜色选择对话窗选择颜色；按【位图】按钮，会将当前层设置为图案层，系统会弹出位图选择对话窗，提示选择一个位图作为该层的图案。图案主要是印染图案、针织图案、皮革图案等；按【阴影】按钮，会将当前层设置为阴影层（材质层），系统会弹出阴影选择对话窗，提示您选择一个位图作为该层的阴影。

不同类型的层，对应的参数设置也会有所不同。颜色层主要是设置颜色、透明度、硬度和反光度。图案层和阴影层主要是设置透明度、放缩倍数、旋转角度、回位等参数。回位是个很重要的概念，也就是所谓的“四方连续”“二方连续”，如果不回位，面料只能是一个图案大小；如果回位，面料就可以循环任意大小。其中的“1/2回位”“1/3回位”在印花图案中比较常见。

对于位图层，可以按“空格”键，系统会自动产生抽象的图案。如果印染层是颜色层，需要先将颜色层转换为图案层，即在工作区中单击鼠标右键，系统会弹出菜单，选择“转换为位图”即可。转换成位图层之后，就可以点击“空格”键自动产生抽象的图案了。

2. **选择面料**

【选择面料】工具与款式设计中心中的【选择面料】工具用法相同，请参见上节。

3. **剪裁处理工具**

【剪裁处理】工具用于图案面料，共包括四个工具，即【剪裁处理（普通）】工具、【剪裁处理（高级）】工具、【扩展处理】工具和【边缘移动】工具。这四个工具被归为一组，需要时可以点击该工具右下角的小三角，系统将下拉列出这四个工具供选择。在扫描面料时，只需要扫描包含一个完整的单元图案。由于绝大多数面料柔软且容易变形，所以扫描得到的单元图案并不是标准的矩形，所以需要通过剪裁处理，得到面料的一个标准的矩形循环单元。下面分别介绍这4个工具：

①【剪裁处理（普通）】工具用于一般的剪裁处理。选择【剪裁处理（普通）】工具后，按照面料单元左上、右上、右下的顺序，在工作区中的面料上点击鼠标三次，系统会显示出定义的矩形剪裁范围。如果觉得定义的范围不满意，可以使用“Delete”键删除，然后再重新定义。定义好范围之后，按工具栏下方的确认键，完成剪裁。

②【剪裁处理（高级）】工具用于矫正扫描过程中出现的扭曲，可以应用在两个方面：

其一，在扫描面料时，由于面料摆放不够均匀、平整，面料的一个循环单元不是一个标准的矩形，此时，只需将范围的四边沿非标准矩形摆放，经过剪裁之后，便可以得到一个标准的循环单元。

其二，一些条纹面料，经扫描之后，面料上的条纹图案常会变得不平行，也可以使用此工具进行剪裁。

选择【剪裁处理（高级）】工具后，就可以定义剪裁范围了，定义的方法与【剪裁处理（普通）】工具相同。但是在定义范围完成之后，范围的四个顶点可以移动，也可以拖动四条边界线使其成为弧线（图5-35）。范围调整完成之后，按下工具栏下方的确认键，

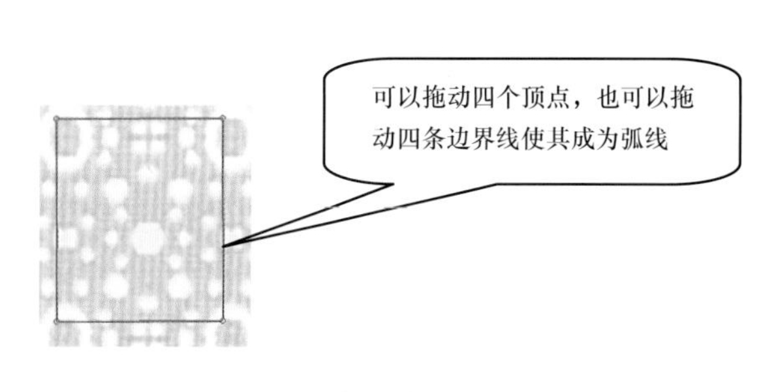

图5-35　高级裁剪处理工具

完成剪裁。

③【扩展处理】工具用于调整循环单元尺寸。在参数栏中输入适当的数值，然后点击确定按钮即可。

④【边缘移动】工具可以把位图的边界移到位图的中央，这样做可以看出左右两边的图案是否对接完好，如果对接的不够满意，可以使用画笔等工具进行修改。

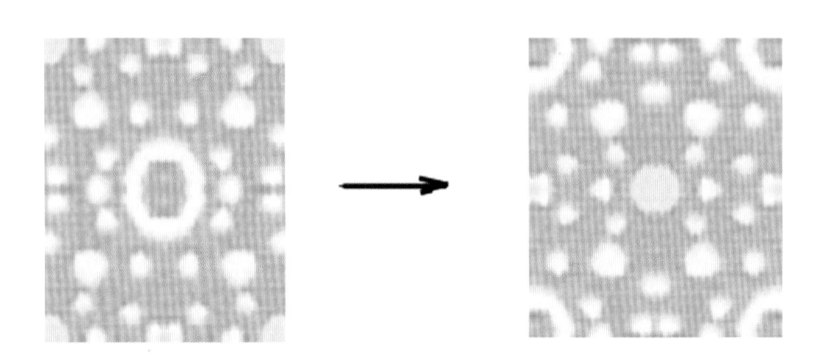

图5-36 边缘移动

4. 修改透明度工具

修改透明度工具有【修改透明度（按颜色）】和【修改透明度（按范围）】两个工具。这两个工具被归为一组，需要时可以点击该工具右下角的小三角，系统将下拉列出这两个工具供选择。

①【修改透明度（按颜色）】工具：主要用于产生面料的镂空效果。选择【修改透明度（按颜色）】后，在工具栏下方的参数栏设置"相近颜色"值。该数值设置得越大，与吸取的颜色相近的色彩透明的范围就越大。按下"Shift"键，然后用鼠标点击工作区中面料中的某一颜色，则面料所有该颜色地方均变为透明。透明（镂空）的区域在屏幕中看到的实际上是背景的颜色。有时为了能够清楚地知道哪些地方是透明的，需要恰当地设置背景颜色。

②【修改透明度（按范围）】工具：可以使面料的某一区域镂空。选择【修改透明度（按范围）】后，首先定义范围，定义方法与款式设计中心的绘制曲面方法相同。如果对定义的范围不满意，可以按"Delete"键删除，再重新定义。范围定义完成后，在工具栏下方的参数区选择对范围的操作，包括外部全透明、内部透明和内部不透明三种。最后，按确认键，即产生透明（镂空）效果。

5. 修改色调、亮度工具

修改色调、亮度工具包括【修改色调】、【修改亮度、饱和度】和【颜色平衡】3个工具。这三个工具都可以设定操作范围，定义操作范围的方法同上。如果不定义操作范围，则操作范围是整个位图。按"Delete"键可以删除已定义的操作范围。该级工具操作简单，只需要参照右下角提示栏的提示即可完成。

6. 调用PhotoShop与调用Painter

Photoshop和Painter是目前最优秀、最流行的图像软件，面料设计中心可以调用Photoshop、Painter进行图像处理、绘图，大大方便了用户使用。在面料设计中心只需用鼠标点击【调用PhotoShop】工具和【调用Painter】工具即可。这两个工具组各包含有3个工具，第一个工具和是使用Photoshop、Painter修改图像；第二个工具和是使用Photoshop、Painter修改透明度（白色代表透明，黑色代表不透明，中间色代表半透明）；第三个工具和是先根据位图来重新确定透明度，然后使用Photoshop、Painter修改透明度。

7. 自动回位工具

通过扫描或粘贴得到的图案往往拼合不自然，图案四周没有对接好。选择【自动回位】工具，并设置回位参数，然后按确认键即可自动实现回位效果（图5-37）。回位处理后，图案四周的拼接有了明显的改善。回位参数包括水平方向重叠和垂直方向重叠两个，可以根据单元图案的情况进行调节，直到满意。

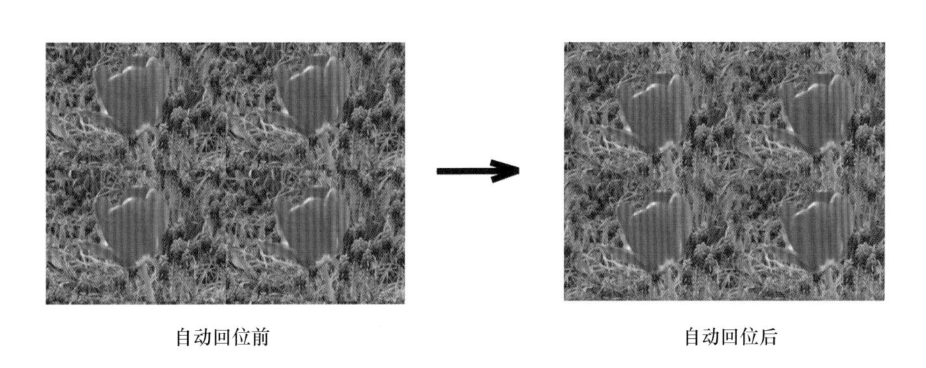

自动回位前　　自动回位后

图5-37　自动回位前后对比

如果对【自动回位】处理后的效果不太满意，可以使用画笔、克隆笔等工具，修改单元图案的边缘；把位图的边界移至中央，调用Photoshop或Painter修改；在【设置指定的印染层】工具下，进行1/2、1/3、2/3等回位操作。

8. 画笔工具

【画笔】工具包括彩笔、色调笔、克隆笔、透明笔、亮度笔等。选择【画笔】工具后，在工具栏下方的参数框选择笔的类型、压力及粗细，然后在工作区进行绘图。

9. 填充颜色工具

【填充颜色】工具利用选择的颜色填充工作区的一定区域。选择【填充颜色】工具后，首先选择填充颜色，再点击工作区中需要填充的位置即可。除填充颜色外，该工具还可以使某区域透明，即按下“Ctrl”键，在工作区中点击希望透明的地方即可。

10. 颜色合并、去除杂点、改变色彩

【颜色合并】、【去除杂点】和【改变色彩】三个工具为一组，点击该组工具右下角的小三角，即可列出全部三个工具，点击选择。

扫描得到的图案往往包含非常多的颜色，即使是同一颜色，扫描后也会变成不同的颜色。【颜色合并】工具用于将面料中的颜色进行合并。当面料是由一些基本色构成时，可以按“自动选定颜色”按钮，计算机自动选取基本色；如果对计算机选定的颜色不满意，可以通过使用鼠标在工作区中点取或者框选“基本颜色”；如果选错了基本色或者重复选择了某种颜色，或者对计算机选定的颜色不满意，都可以对选定的颜色进行调整。具体方法：点击基本色色块，进入调色板中进行修改；在基本色色块上单击鼠标右键，系统弹出一个菜单，通过菜单可以删除点击的基本色，也可以删除所有的基本色。最后，按确定键，即可对面料的颜色进行合并。当面料颜色很多时，也可以通过该工具进行减色处理。

合并颜色之后，在图片中可能会存在一些杂点。选择【去除杂点】工具，可以按“自动去除杂点”按钮，系统将自动识别并去除杂点。如果“自动去除杂点”后仍然还有一些杂点，可以再按“自动去除杂点”按钮，也可以采用手工方法去除杂点。手工方法是在工作区利用鼠标中框选一个小的矩形范围，系统会去掉框选范围内的杂点（去除杂点的原则是向框选区域上的多数颜色靠近）。

合并颜色、去除杂点后，就可以进行改变颜色处理了。选择【改变色彩】工具后，在参数框区域可以看到有许多色块，它们来自于合并颜色工具。每一个色块的左侧为原始颜色，右侧为目标颜色（希望变成的颜色）。用鼠标点击色块右侧的目标颜色，系统会弹出调色板，通过调色板将其设置为希望变成的颜色。也可以用鼠标把A色块的左侧的原始颜色拖到B色块右侧的目标颜色，再把B色块的左侧的原始颜色拖到A色块右侧的目标颜色以起到交换颜色的作用。

如果将目标颜色调乱了，可以用鼠标右键单击基本色色块，系统会弹出菜单，通过菜单可以初始化目标颜色，也可以随机产生目标颜色。待所有的目标颜色都设定好之后，按确定键，在工作区中即可看到改变颜色之后的效果。

按下参数栏中的“自动换色”按钮，计算机将每隔3秒钟自动换色一次；当对换色的结果满意时，在工作区中单击鼠标左键，系统将停止换色。

自动组合颜色是指构成面料的颜色并不改变，只是将这些颜色用于图案的不同位置。所以可以按参数区的“自动组合”按钮，计算机将每隔3秒钟自动组合颜色一次；当您对换色的结果满意时，在工作区中单击鼠标左键，系统将停止组合颜色。

在自动换色与自动组合的过程中，如果想保留所看到的面料，只需按下“D”键即可。

在设定基本色之后，可以在工作区中单击鼠标右键，系统将弹出菜单，其中包含有“分色”项，通过该项可以实现分色，把每种基本色都单独分离出来、作为一个单独的层。

11. **机织面料工具**

机织面料是最常见的面料，本组工具包括两个用于建立机织面料的工具。

【简单机织布】工具可以根据定义面料的经、纬纱线的支数和颜色排列以及组织图进行面料的设计。选择【简单机织布】工具后，工具栏下方的参数栏如图5-38所示。机织面料设计通过以下5步进行。

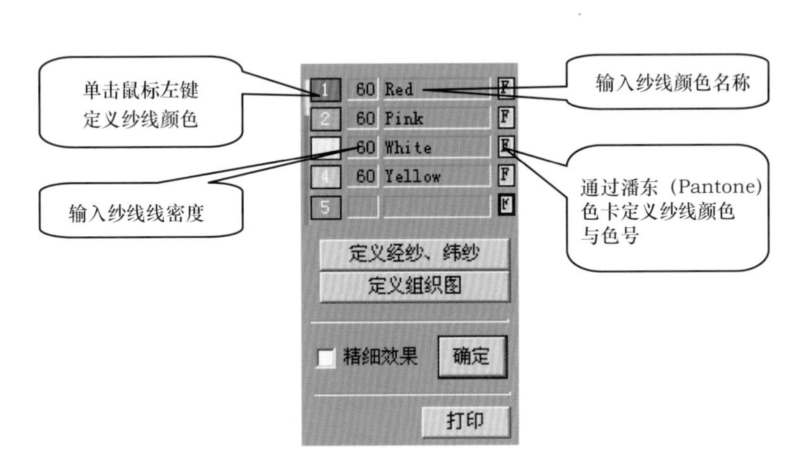

图5-38　简单机织面料设计参数栏

①定义纱线颜色、线密度：在图5-38参数栏中，点击最左侧的数字，定义纱线的颜色。然后在颜色后边的两个文本框中分别输入纱线线密度和纱线或颜色名称。也可以单击右侧的“F”按钮，在潘东色卡中选择颜色。

②按【定义经纱、纬纱】按钮，系统弹出定义经纱、纬纱的对话窗（图5-39）。对话窗右上角的颜色块为上一步所输入的纱线。根据设计意图，用鼠标将代表纱线的颜色块拖至经纱输入区或纬纱输入区，在弹出的对话窗中输入纱线根数即可。

③按【定义组织图】按钮，系统弹出定义组织图对话框（图5-40）。首先设置组织图的大小，并按按钮确定，然后点击小格子设计组织图，完成后按【确定】键。也可

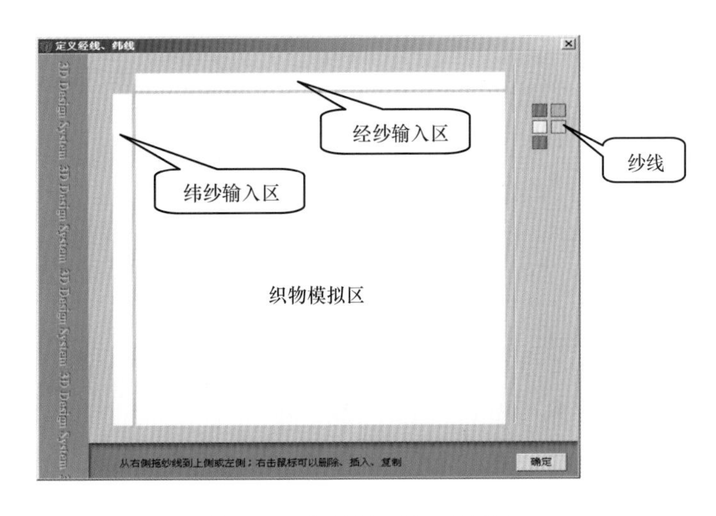

图5-39　定义经、纬纱对话窗

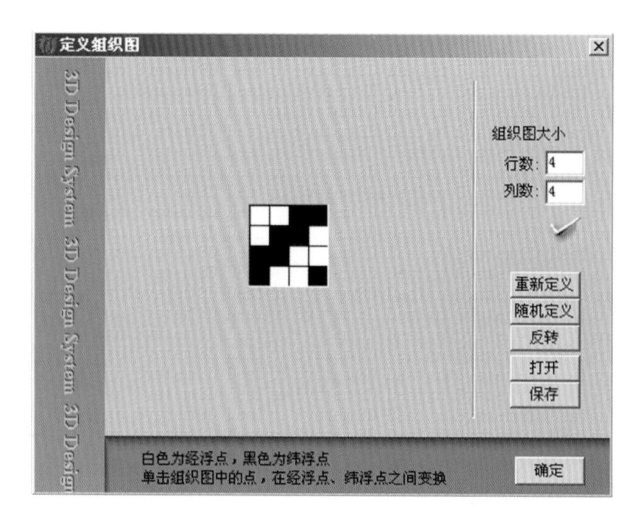

图5-40 定义组织图对话窗

以按图5-40中的【打开】键，选择系统提供的组织图。系统提供了“平纹”“斜纹”等组织图。也可以将自己设计的组织图保存备用。

④以上各步完成之后，按【确定】键，机织面料设计完成，并在工作区显示出织物效果。

⑤可以使用【打印】键，打印出面料效果图。

关于机织面料设计的第2个工具是通过上机图进行较为复杂的提花织物设计。上机图对于机织设计人员来说十分熟悉，但对服装款式设计人员来说却非常陌生。所以，该工具在本节就不做介绍了。

第四节 平面设计中心

一、平面设计中心概述

平面设计中心的主要功能是为局部更换面料、局部变形等。平面设计中心的操作对象是画板，日升服装设计系统的画板就是指位图。新建画板有多种方法，但均是在“款式设计中心”完成，用户可以通过扫描款式图、打开位图文件、素材库调用位图文件、粘贴位图等方式创建画板。

通常情况下，在款式设计中心内，必须先选择一个画板（位图），才能够通过点击左下角的“平面设计中心”图标进入“平面设计中心”。如果多选择了一个对象或者选择的不是画板，则无法进入“平面设计中心”。“平面设计中心”的工具栏如图5-41所示。该工具栏中大多数工具均在前三节中进行了介绍。本节重点介绍【局部更换面料】工具和【局部变形】工具。

图5-41 平面设计中心工具栏

二、局部更换面料

【局部更换面料】工具相当于立体贴图功能，用于更换服装款式图的面料或颜色。进行局部更换面料前，首先在“款式设计中心”选择一个位图。例如：通过“素材库”——

“时装图片”，选择一个图片并拖入工作区。该图片在被选中的状态下，鼠标点击“平面设计中心”图标进入“平面设计中心”（图5–42）。

图5–42 平面设计中心

在“平面设计中心”，选择【局部更换面料】工具，在工具栏下方出现操作选项栏（图5–43）。局部更换面料功能可以通过以下4步完成。

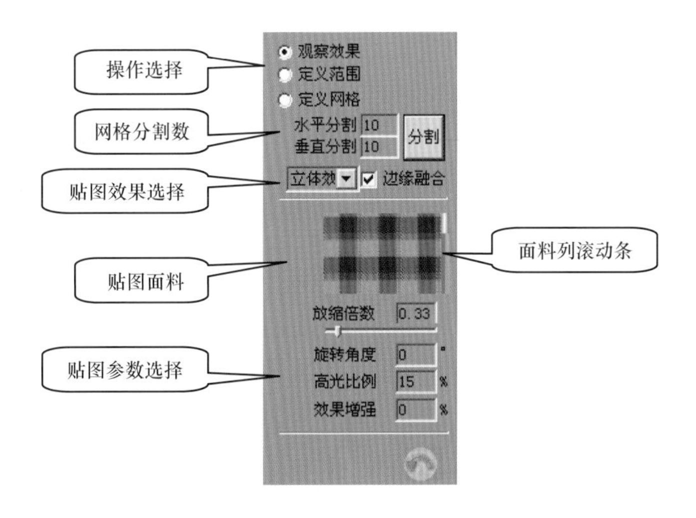

图5–43 局部更换面料选项

图5-44 裙子的定义范围

1. 定义面料更换区域

选择“定义范围”工作模式，开始定义面料更换范围。定义范围的方法与“款式设计中心”的“新建曲面”工具定义边界的方法完全相同。如果对定义的范围不太满意，可以通过移动节点或者调整曲线段的方法进行修改。按“Delete”键可以删除已定义的范围，然后重新定义。图5-44为裙子的定义范围。

2. 设计网格

设计正确的网格是使面料更换后效果逼真的前提。选择“定义网格”工作模式，用鼠标在画板中画出一个矩形（图5-45）。矩形定义完成后，移动矩形四个顶点，调整矩形四个边，使边成为弧线，并且弧线尽可能地符合裙子面料的走势方向（图5-46）。设置网格的分割数目，系统默认为10，按【分割】按钮，此时网格被细分（图5-47）。网格线的方向决定面料图案的方向，因此进一步调整细分后的网格各节点，使网格线更加符合服装面料的经、纬纱线的走向（图5-48）。网格调节满意之后，可以把它保存起来。在画板上点击鼠标右键，系统弹出菜单，在菜单选择“保存网格”命令即可。

图5-45 定义网格矩形

图5-46 调整网格矩形

图5-47 分割网格

图5-48 调整网格

3. 更换面料

从面料列中将面料拖到画板，即可实现局部面料的更换（图5-49）。此外，也可以从素材库的面料库、色卡中将面料拖到工作区。面料更换后，仍可对网格进行调整，直至满意。此外，还可以调整参数框下方面料参数，如放缩倍数、旋转角度等，调整后重新拖动面料进行更换。

4. 视察效果

选择“视察效果”工作模式，画板上的网格隐藏，进一步视察更换效果（图5-50）。

5. 补充

对于比较复杂的服装款式，为了使面料更换后的效果更加真实，必须根据服装的真实结构，将服装按照纸样一片一片地重复1～4步骤进行更换，直到完成整件服装。对于更换面料功能来说，如果原始的款式是纯色面料，则更换面料效果比较好。如果原始款式中使用的是印花面料，则更换面料效果会受原来图案的影响。有时，在更换衣服的面料时，需要保持上衣中的手臂、口袋、配饰等不变。可以在“定义范围”状态下，按下“空

图5-49 更换面料图

图5-50 视察效果

格键”的同时，定义一个“保护范围”，即把不需要换面料的地方保护起来。保护范围的画法与上文定义范围的方法相同，只是要在按下“空格键”的同时进行描绘。如果要保护多个地方，只需画出多个保护范围即可。

三、局部变形

【局部变形】工具主要用于扫描的款式图、配饰的局部变形。如拉长模特的腿、腰变细、领子的简单变化等。

首先在“款式设计中心”选择一个位图。例如：通过“素材库”——“时装图片”，选择一个图片并拖入工作区。该图片在被选中的状态下，点击“平面设计中心”图标进入“平面设计中心”模块（图5-51）。在“平面设计中心”，选择【局部变形】工具后，工具栏下方出现操作模式选项栏（图5-52）。

图5-51 平面设计中心

1. 定义剪裁范围

选择“定义剪裁范围”工作模式定义范围，定义方法与“款式设计中心”的“新建曲面”工具中定义边界的方法完全相同。如果对定义的范围不太满意，可以通过移动节点或者调整曲线段的方法加以修改。按“Delete”键可以删除定义的范围，然后重新定义。图5-53定义了领子的变形范围。一般情况下，并不需要定义剪裁范围，也就是说，本步骤常可以省略。

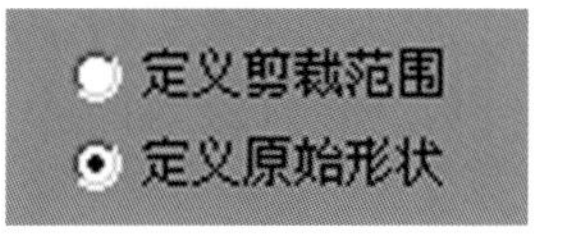

○ 定义剪裁范围
◉ 定义原始形状

图5-52 局部变形操作模式选项

2. 定义原始形状

选择“定义原始形状”工作模式，按照左上、右上、右下顺序，在画板上点击鼠标三次定义出一个矩形。根据需要变形的部件形状，对原始形状进行调整。本例根据领子的特点而将原始形状调整为大致的三角形态（图5-54）。

图5-53 定义剪裁范围

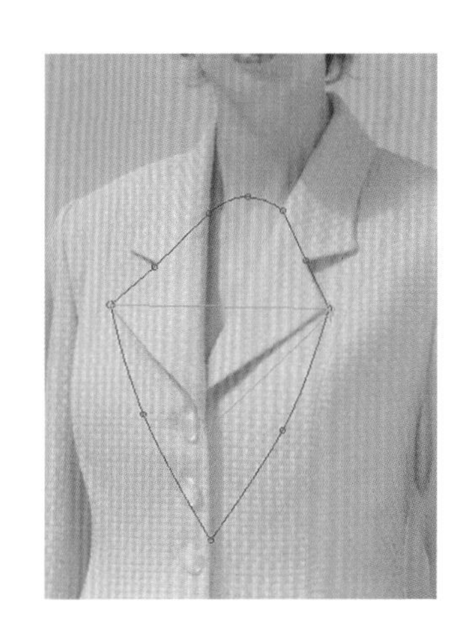

图5-54 定义原始形状

3. 定义目的形状

当完成“定义原始形状”后，操作选择“定义原始形状”下方才自动出现“定义目的形状”操作选项。选择“定义目的形状”操作模式，调整目的形状。本例为了使领子加长，将目的形状的三角下顶点向下移动，并对三角形的形状也加以调整（图5-55）。

4. 确认

以上各个步骤完成之后，按“确认”键，即实现变形。领部变形前后对比如图5-56所示。

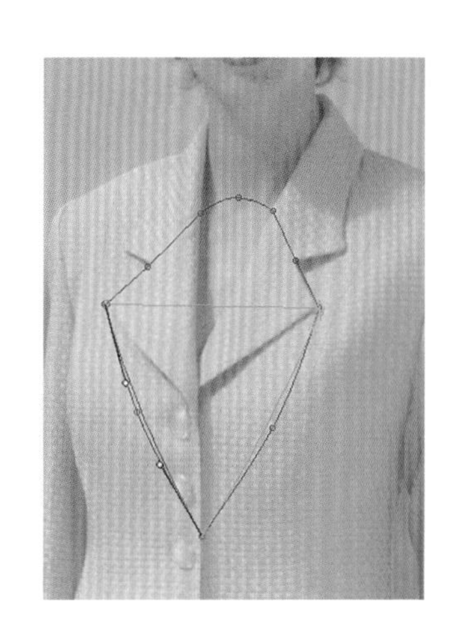

图5-55 定义目的形状

图5-56 领部变形前后对比

专业知识与应用方法——

Photoshop在服装设计中的应用

课程名称：Photoshop在服装设计中的应用

课程内容：1．麻布效果的上衣。

2．水洗牛仔裤。

3．花布头巾。

上课时数：4课时

教学提示：讲述Photoshop在服装设计中的应用。本章重点讲述图层、滤镜的使用方法。并通过麻布上衣、水洗牛仔裤及花布头巾较详细地讲述Photoshop在服装设计中的主要方法与技巧。

指导学生对第五章复习与作业进行交流和讲评，并布置本章作业。

教学要求：1．使学生了解麻布效果的上衣的处理方法。

2．使学生了解水洗牛仔裤的处理方法。

3．使学生了解花布头巾的处理方法。

复习与作业：1．创建牛仔夹克。

2．创建麻布效果的长裙

第六章　Photoshop在服装设计中的应用

Photoshop是目前应用十分广泛的图像处理软件，很多设计人员使用该软件从事设计工作。大多数服装设计人员都会借助Photoshop软件作效果处理。本章通过麻布效果的上衣、水洗牛仔裤和花布头巾3个例子，介绍Photoshop软件在服装效果图处理方面的应用方法。

第一节　麻布效果的上衣

麻布面料品种较多，本节模拟制作的麻布是纱线较粗的粗麻布，并且麻的比例较高，面料具有十分明显的麻布纹理。上衣的麻布效果可以通过以下5步来实现。

1. **文件预处理**

（1）打开一张需要模拟麻布效果的上衣线稿图，本例采用的线稿图如图6-1所示。线稿图可以在计算机上直接创作，也可以先在纸上绘制，然后利用扫描仪输入计算机，再处理为线稿图。线稿图要求必须只有黑白二色，并且服装轮廓线条要尽量闭合，这样会方便以后的选区操作。

图6-1　线稿图

（2）将图像中除黑色线条以外所有区域选中的删除，使图像底变为透明（图6-2）。在图层管理窗口，将当前层再复制两个。将该图像的3个层自上至下依次命名为“模糊层”“工作层”和“备份层”（图6-3）。选中“模糊层”为当前操作层，通过滤镜的模糊功能对“模糊层”进行模糊处理；再将“工作层”选为当前层。保存并另存两个备份文件，可以在后面的两节案例中使用。文件的保存格式为Psd。

2. **填充颜色**

按下”Shift”键，用【魔术棒】工具将线稿图中上衣的各个区域选中，包括前片、后片、领子等部位。选择一种上衣的颜色，通过主菜单“编辑”——“填充”，或

图6-2 背景透明

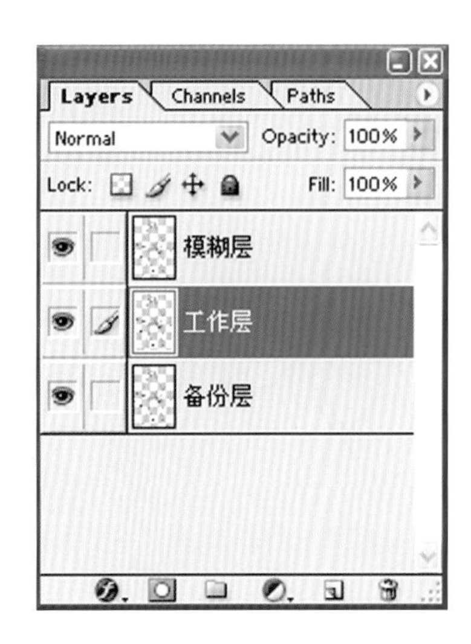

图6-3 命名3个图层

利用快捷键“Alt + Delete”为上衣填充颜色（图6-4）。

3. 绘制立体效果

在软件上方工具属性条中的画笔预设选取器，选择一个中间实、边缘虚的画笔，绘制上衣的立体效果（图6-5）。如果需要调整画笔头的大小，可以通过快捷键来完成，计算机键盘的大括号键中的左括号“{”是缩小画笔头，右括号“}”是放大画笔头。

4. 添加麻布纹理

选择主菜单“滤镜”——“纹理”——“纹理化”，弹出的纹理化对话窗，在对话窗中观察预览效果，调节纹理化参数，调节满意后，按【确定】键关闭纹理化对话窗，完成纹理设置（图6-6）。

图6-4 上衣填充颜色

图6-5 绘制上衣的立体效果

5．整理

将经过滤镜后的效果图再进行整理，利用【加深】工具强化上衣的立体效果，使上衣的立体感更好。请注意，这一步的加深处理操作不能使用画笔加深。最后，通过菜单“选择”——“取消选择”，或通过快捷键“Ctrl + D”，取消选择范围。最终效果如图6–7所示。

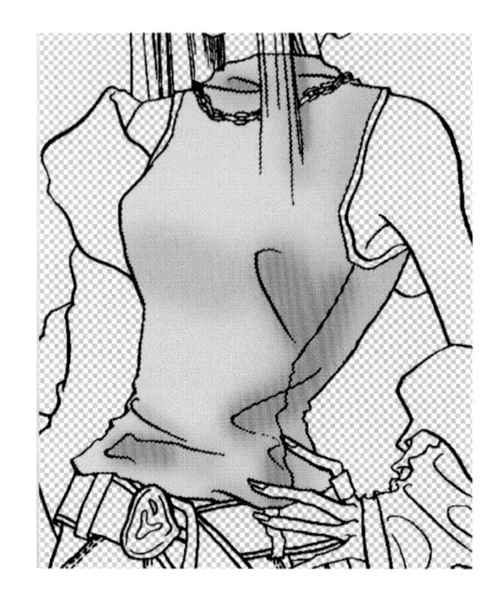

图6–6　纹理化效果

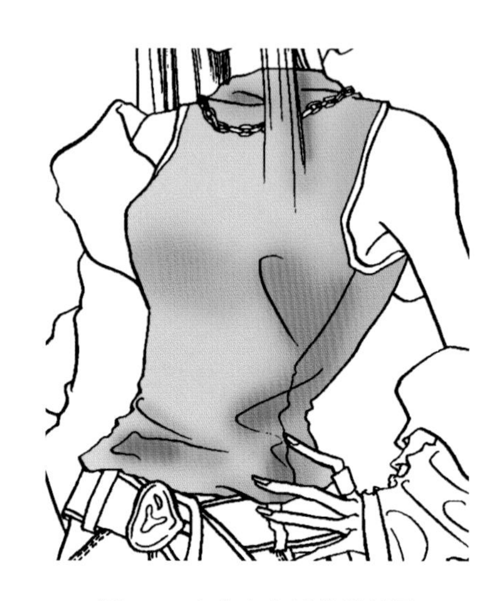

图6–7　麻布上衣最终效果图

第二节　水洗牛仔裤

牛仔面料在服装行业非常普及，使用面很广，牛仔水洗的效果非常重要。绘制牛仔的水洗效果比麻布效果的上衣稍显复杂。本节实例仍可使用上一节预处理后包含3个图层的文件。水洗牛仔裤可以通过以下4步完成。

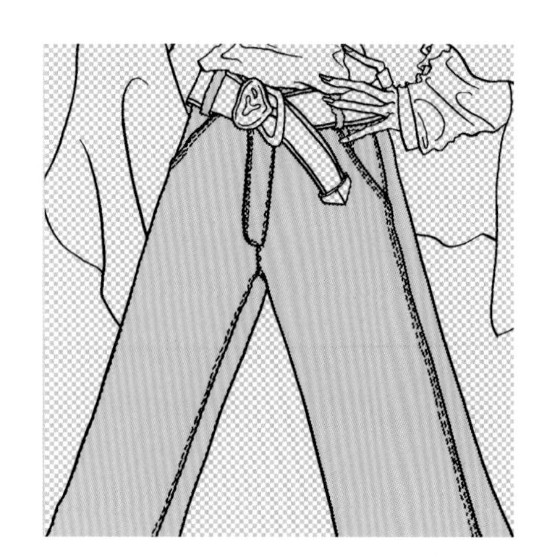

图6–8　裤子填充颜色

1．填充颜色

打开上节另存的一个文件备份，或打开一张裤子的线稿图并重复上节的预处理操作。将“工作层”设为当前图层。按下“Shift”键，利用【魔术棒】工具将图中裤子的各个区域选中，包括裤腿、裤腰、裤襻、裤前门、口袋等部位。裤子的结构较多，要仔细选择，不要遗漏。选择一个牛仔裤的颜色，通过菜单“编辑”——“填充”，或快捷键“Alt + Delete”为裤子填充颜色（图6–8）。

2. 绘制立体效果

在软件上方工具属性条中的画笔预设选取器，选择一个中间实、边缘虚的画笔，绘制裤子的立体效果（图6-9）。

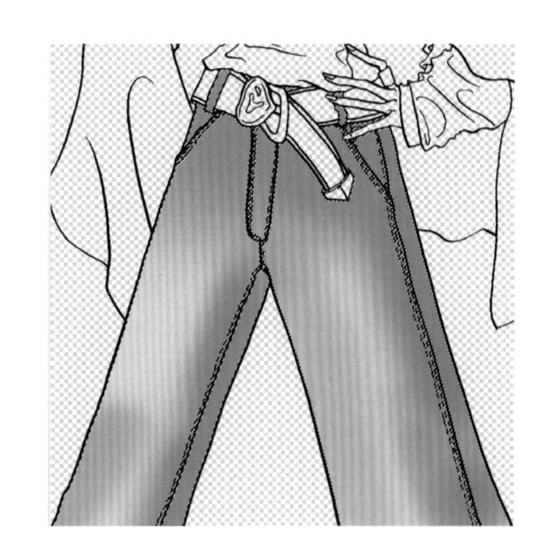

图6-9 绘制牛仔裤的立体效果

3. 添加纹理

绘制牛仔裤效果的滤镜和绘制麻布效果的滤镜同属纹理化滤镜。选择菜单“滤镜”——“纹理”——“纹理化”，弹出纹理化参数设置对话窗，在对话窗中观察预览图的效果，调节纹理化参数，调节满意后，按【确定】键，关闭纹理化对话窗，完成纹理设置（图6-10）。

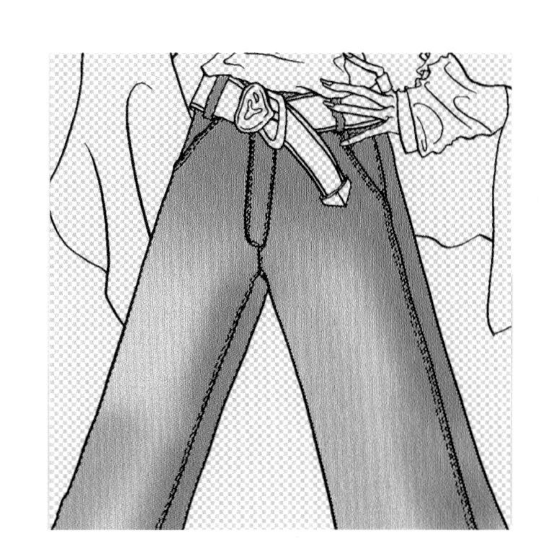

图6-10 纹理化效果

4. 整理

牛仔的洗水效果是通过整理这一步表现出来的，也是牛仔裤子绘制过程中最重要的一环。利用【加深】工具和【减淡】工具相配合，擦出牛仔裤的洗水效果。使用这两个工具时，画笔头的尺寸要尽量大一些。利用【加深】工具将裤子的较深色部分加重（图6-11）。利用【减淡】工具将裤子的洗水效果画出来（图6-12）。利用【减淡】工具将裤子的马溜和猫须工艺画出来（图6-13）。通过菜单“选择”——“取消选择”，或通过快捷键“Ctrl + D”，取消选择范围。水洗牛仔裤最终效果如图6-14所示。

图6-11 加重裤子的重色部分

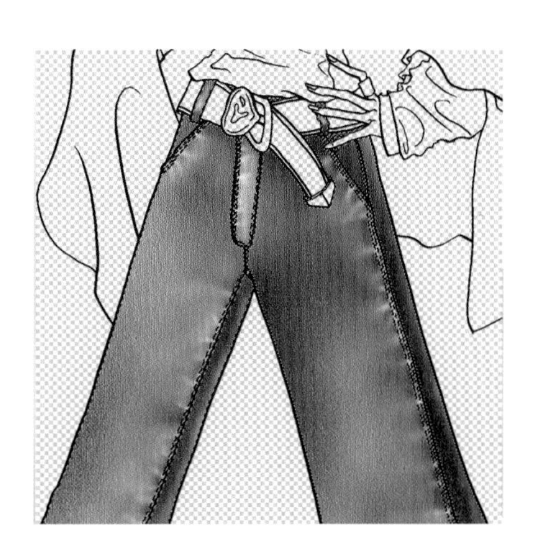

图6-12 绘制裤子的洗水效果

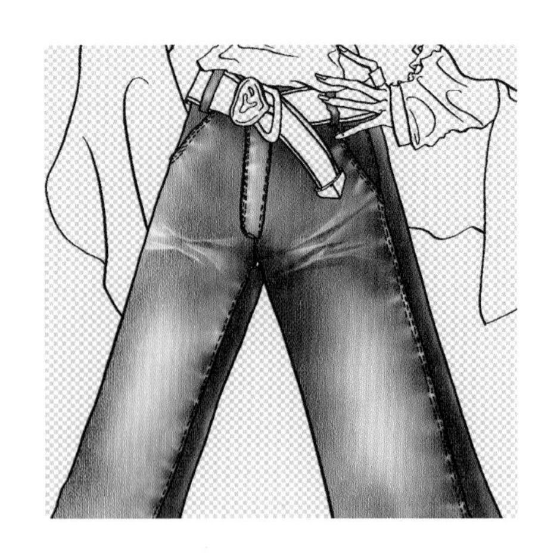

图6-13 绘制裤子的马溜和猫须

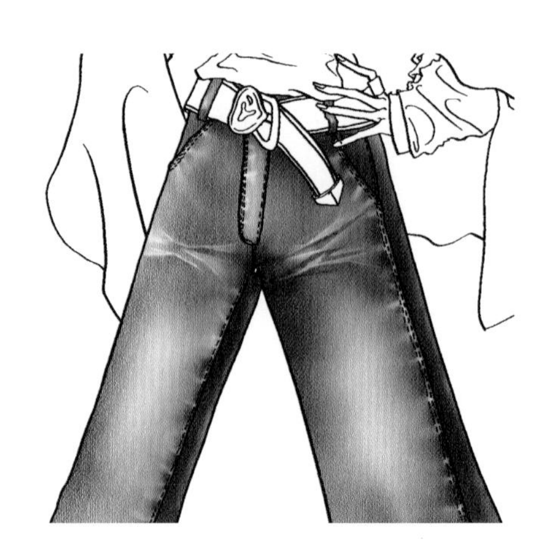

图6-14 水洗牛仔裤最终效果图

第三节 花布头巾

本节以头巾为例，介绍如何将面料图案应用到头巾上，也可以通过这个方法来更换衣服的图案。本节实例仍可使用在第一节所讲的预处理后包含3个图层的文件。花布头巾可以通过以下6步完成。

1. **打开文件**

打开上节另存的一个备份文件，或打开一张头巾线稿图并重复上节的预处理操作。将“工作层”设为当前图层。再打开一个用于头巾的图案文件（图6-15）。

图6-15 线稿图及头巾图案

2. 将头巾图案移入线稿图

将头巾图案移入线稿图中可以通过以下两个方法完成。

方法一：当前文件是头巾图案文件时，通过菜单“选择”——“全部”（快捷键“Ctrl + A”），选中全部头巾图案，通过菜单“编辑”——“拷贝”（快捷键“Ctrl + C”），复制头巾图案，将当前文件变为头巾线稿图。通过菜单“编辑”——“粘贴”（快捷键“Ctrl + V”），将头巾图案复制到线稿图中（图6-16）。此时，线稿图的图层控制面板中会自动产生一个新图层（图6-17）。

方法二：在【移动】工具状态下，在头巾图案上按下鼠标左键并拖动至线稿图内，松开鼠标后，头巾图案就被移入线稿图中了。

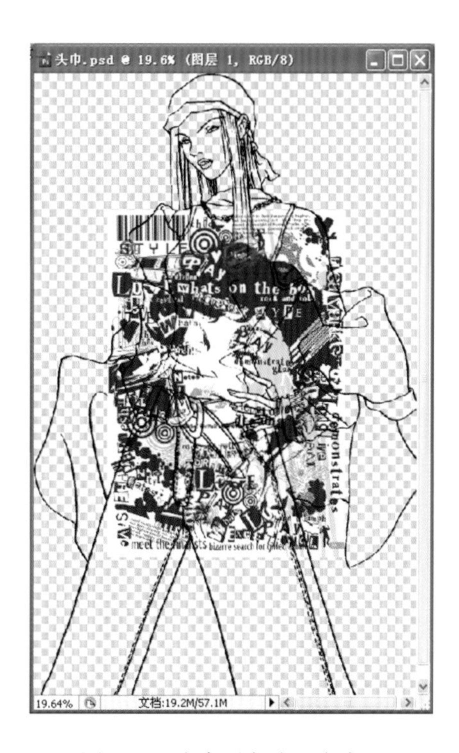

图6-16 头巾图案移入线稿图

3. 调整头巾图案的尺寸

移入的头巾图案不一定是实际需要的尺寸，需要将头巾图案调整成为适当的大小。点击菜单“编辑”——“自由变换”（快捷键“Ctrl + T”），这时在头巾图案的四周会出现调解节点，头巾图案呈现可以自由变换状态（图6-18），将头巾图案调整到需要的大小。拖动头巾图案的对角节点，可以同时调整图案的宽和高。如果按下“Shift“键进行调整，可以使图案的宽和高按等比例放缩。调整好尺寸后，同时将头巾移动到头部（图6-19）。点击软件上方的属性栏左边的对号✓，确定自由变换完成，同时头巾图案四周的节点就消失了。

4. 选中头巾区域

选择“工作层”作为当前图层。选择【魔术棒】工具，按下“Shift”键，将头巾线稿图中头巾的各个区域选中。头巾的区域较多，选择时不要漏掉任何一处小的区域，要耐心选全。再选择头巾所在的图层（图6-17中的Layer 1图层）作为当前图层。

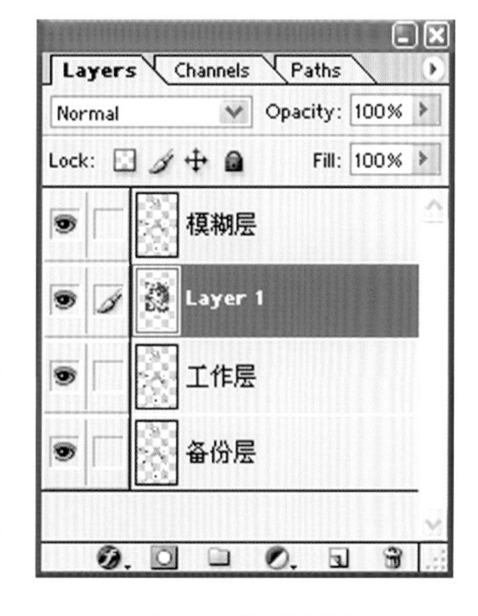

图6-17 增加新图层

5. 删除头巾区域之外的图案

通过菜单“选择”——“反选”（快捷键“Shift + Ctrl + I”），将选中的区域变成未选中，而将未选中的区域变为选中，按”Delete”键，将头巾区域

图6-18 进入自由变换状态

图6-19 头巾图案大小调整完成

之外的图案删除（图6-20）。通过菜单“选择”——“取消选择”，或按快捷键“Ctrl + D”，取消选择范围。花布头巾的最终效果如图6-21所示。

图6-20 删除头巾以外的图案

图6-21 花布头巾最终效果图